彩图 1　小棚"浑水"期

彩图 2　生物絮团

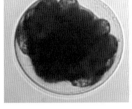

彩图 3　南美白对虾受精卵

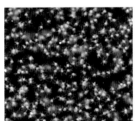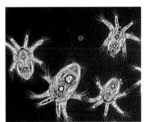

彩图 4　南美白对虾无节幼体

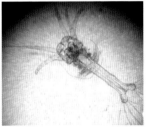

彩图 5　南美白对虾蚤状幼体

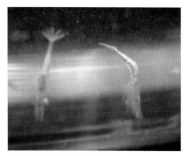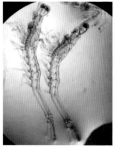

彩图 6　南美白对虾糠虾幼体

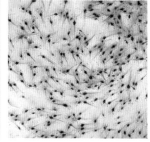

彩图 7　南美白对虾仔虾

彩图 8　优良水色（豆绿色）

彩图 9　高位池

彩图 10　红鱼粉（左）与白鱼粉（右）

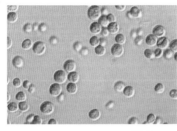

彩图 11　小球藻

彩图 12　丰年虫及孵化

彩图 13　沙蚕

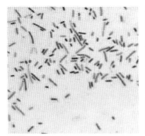

彩图 14　乳酸菌显微照片

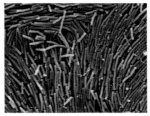

彩图 15　芽孢杆菌显微照片

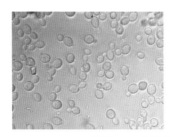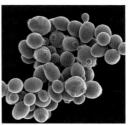

彩图 16　酵母菌显微照片

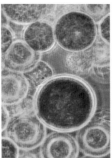

彩图 17　蓝藻

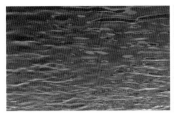

彩图 18　黑褐色和酱油色水体

彩图 19　患白斑综合征病毒病的对虾及其甲壳

彩图 20　患桃拉综合征病毒病的对虾

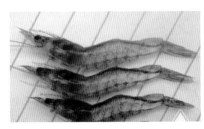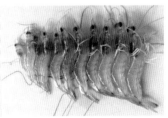

彩图 21　患传染性皮下及造血组织坏死病毒病的对虾

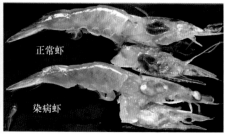

彩图 22　感染虹彩病毒的对虾

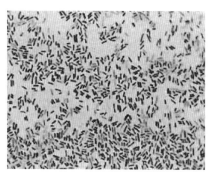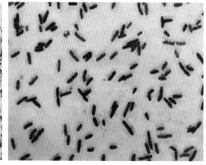

彩图 23　革兰阴性菌（左）和革兰阳性菌（右）

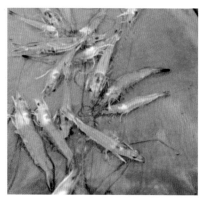

彩图 24　患红腿病的对虾

彩图 25　患灰鳃/黑鳃/烂鳃病的对虾

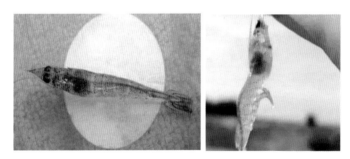

彩图 26　患肠炎的对虾

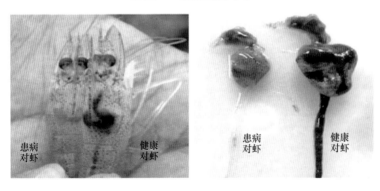

彩图 27　对虾感染 AHPNS 后肝胰腺、肠道与健康虾的对比

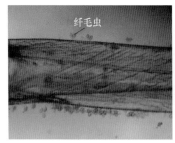
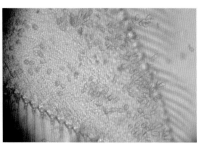

彩图 28　患固着类纤毛虫病的对虾

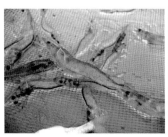

彩图 29　患对虾肝肠胞虫病害的对虾

彩图 30　池塘蓝藻暴发图　　　　彩图 31　池塘甲藻暴发图

彩图 32　光合细菌培养　　彩图 33　乳酸菌发酵

# 怎样提高
## 南美白对虾养殖效益

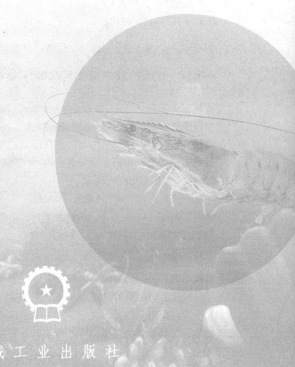

沈 辉 乔 毅 蒋 葛 编著

机械工业出版社

本书在剖析南美白对虾养殖场、养殖户的认识误区和生产中存在问题的基础上，就如何提高南美白对虾养殖效益进行了全面阐述，主要内容包括了解南美白对虾特性，合理选择养殖模式，科学选种，做好饲养管理，科学调控养殖水环境，做好疾病防治，科学使用养殖投入品，做好捕获、售卖与运输，并介绍了养殖典型实例。本书语言通俗易懂，技术先进实用，针对性和可操作性强。另外，本书设有"提示""注意"等小栏目，可以帮助读者更好地掌握南美白对虾养殖技术。

本书可供广大南美白对虾养殖户和相关技术人员使用，也可供农林类院校相关专业的师生阅读参考。

## 图书在版编目（CIP）数据

怎样提高南美白对虾养殖效益/沈辉，乔毅，蒋葛编著. —北京：机械工业出版社，2020.7（2023.5重印）

（专家帮你提高效益）

ISBN 978-7-111-65181-9

Ⅰ.①怎…　Ⅱ.①沈…②乔…③蒋…　Ⅲ.①对虾养殖　Ⅳ.①S968.22

中国版本图书馆 CIP 数据核字（2020）第 051039 号

机械工业出版社（北京市百万庄大街22号　邮政编码100037）
策划编辑：周晓伟　高　伟　责任编辑：周晓伟　高　伟　郎　峰
责任校对：赵　燕　　　　责任印制：孙　炜
保定市中画美凯印刷有限公司印刷
2023 年 5 月第 1 版第 3 次印刷
145mm×210mm・5 印张・4 插页・154 千字
标准书号：ISBN 978-7-111-65181-9
定价：29.80 元

电话服务　　　　　　　　　　网络服务
客服电话：010-88361066　　机　工　官　网：www.cmpbook.com
　　　　　010-88379833　　机　工　官　博：weibo.com/cmp1952
　　　　　010-68326294　　金　书　网：www.golden-book.com
**封底无防伪标均为盗版**　　机工教育服务网：www.cmpedu.com

# 前　言　/ PREFACE

　　南美白对虾，学名凡纳滨对虾（*Litopenaeus vannamei*），是一种广温、广盐的热带虾类。我国于 20 世纪 80 年代引入南美白对虾并开始探索其人工养殖模式，因其具有生长速度快、环境适应性强、口感风味好、养殖效益高等特点，迅速得到了大范围的养殖推广，已发展成为我国水产养殖从业者增收、增效的重要水产品种之一。

　　目前，南美白对虾养殖在我国已探索发展了四十余年，经历了起步期、平稳期、萧条期、快速恢复发展期等阶段，目前已慢慢趋向成熟。但该行业仍面临苗种退化、病害频发、水源受限、养殖污染、养殖用地削减等诸多问题的困扰。因此，其养殖技术、模式及理念亟须更新及升级，以满足当下高效、健康、绿色、长期发展的诉求。

　　近年来，南美白对虾养殖在全国各地不同区域得到了大范围的推广，其养殖条件各不相同、养殖模式风格各异、养殖技术参差不齐。为了帮助各地南美白对虾养殖从业者较全面地了解养殖技术，因地制宜地开展南美白对虾养殖，我们组织编写了本书。本书重点介绍了我国不同地区的养殖模式、苗种的选择、饲养管理、发酵饲料制备、水质调控技术、病害防治等一系列养殖关键技术，在介绍原理的基础上，也提供了较为丰富的实践技术和应用案例。

　　本书内容大多来自编著者团队的研究成果，也结合了诸多南美白对虾养殖者的养殖经验，内容新颖，技术全面，可操作性强，适合广大南美白对虾养殖从业者参考。

　　需要特别说明的是，本书所用药物及其使用剂量仅供读者参考，

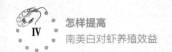

不可照搬。在生产实际中，所用药物学名、常用名与实际商品名称有差异，药物浓度也有所不同，建议读者在使用每一种药物之前，参阅厂家提供的产品说明以确认药物用量、用药方法、用药时间及禁忌等。购买兽药时，执业兽医有责任根据经验和对患病动物的了解决定用药量及选择最佳治疗方案。

　　由于编著者学识水平和实践经验所限，书中错误和欠妥之处在所难免，恳请读者指正，以便今后修改，使之日臻完善。

编著者

# 目 录 / CONTENTS

# 第一章
# 了解南美白对虾特性，
# 向潜能要效益

南美白对虾，学名凡纳滨对虾（*Litopenaeus vannamei*），是一种广温、广盐的热带虾类，俗称白肢虾、白对虾、万氏对虾等，在分类学上属于节肢动物门、甲壳纲、十足目、游泳亚目、对虾科、滨对虾属，原产于美洲太平洋沿岸水域，主要分布在秘鲁北部至墨西哥湾沿岸，以厄瓜多尔沿岸分布最为集中。

## 第一节　南美白对虾的生物学特征

### 一、外部形态特征

**1. 外形**

南美白对虾体形修长，呈梭形，成体最长可达 24 厘米，甲壳较薄，全身不具斑纹，步足常呈白垩状，正常体色为浅青蓝色。图 1-1 为南美白对虾的外部形态示意图。图中所示虾体全长是指从额角（额剑）前端至尾节末端的长度，体长为由眼柄基部或额角基部眼眶缘至尾节末端长度，头胸甲长为眼窝后缘连线中央至头胸甲中线后缘的长度。

【提示】

虾类色素由类胡萝卜素与蛋白质互相结合而构成，在遇到高温、无机酸或酒精等时，蛋白质沉淀而析出虾红素或虾青素。虾红素颜色为红色，所以虾在沸水中煮熟后呈鲜亮的红色。

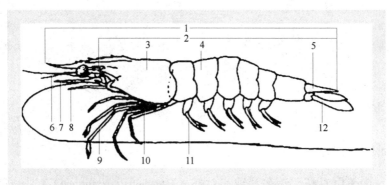

图1-1　南美白对虾外部形态示意图

1—全长　2—体长　3—头胸部　4—腹部　5—尾节　6—第一触角

7—第二触角　8—第三颚足　9—第三步足

10—第五步足　11—游泳足　12—尾扇

## 2. 躯体分部

南美白对虾身体分头胸部和腹部两部分，头胸部与腹部的长度比例约为1∶3。头胸部由5个头节及8个胸节相互愈合而成（图1-2）；头胸甲前端中部有向前突出的上下具齿的额角。额角两侧生有一对可自由活动的眼柄，眼柄末端着生由众多小眼组成的复眼，用于感受周边环境的光线变化，形成视觉影像。头胸甲下包裹对虾的心脏、胃、

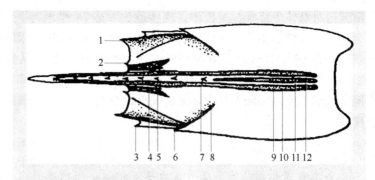

图1-2　南美白对虾头胸甲背面示意图

1—额角刺　2—眼上刺　3—颊刺　4—额胃沟　5—额胃脊

6—肝刺　7—胃上刺　8—颈脊　9—额角侧沟

10—额角侧脊　11—中央沟　12—额角后脊

肝胰腺、鳃等众多脏器，一般以各种脏器的位置为标准将头胸甲划分为多个区，并以此命名甲壳上的刺、脊、沟。口位于头胸部腹面。虾体腹部发达，由7个体节组成，自头向尾依次变小，前五节较短，第六节最长，最末端的尾节特化成尖锐的棱锥形。

**3. 附肢**

南美白对虾共有20个体节，除最末的尾节外，每一体节均着生1对附肢，各附肢着生位置、形状与执行的功能相关。

头部五对附肢：第一附肢（小触角）原肢节较长，柄部下凹形成眼窝，基部生有平衡囊，端部分内、外触鞭，内鞭较外鞭纤细，长度大致相等，司嗅觉、平衡及身体前端触觉；第二附肢（大触角）外肢节发达，内肢节具细长的触鞭，主要司身体两侧及身体后部的触觉；第三附肢（大颚）坚硬，边缘齿形，特化形成口器的组成部分，是对虾摄食的咀嚼器官，可切碎食物；第四附肢（第一小颚）呈薄片状，为口器的组成部分之一，用于抱握食物，是辅助进食的器官；第五附肢（第二小颚）外肢发达可助扇动鳃腔水流，是帮助呼吸的器官，同时也是组成口器的部分之一。

胸部8对附肢：包括3对颚足及5对步足，颚足基部具鳃的构造，辅助对虾进行呼吸，同时还具有协助摄食的作用；步足末端呈钳状或爪状，为摄食及爬行器官。

腹部6对附肢：腹部分为7节，由于最末一节已经特化形成尾节，不着生附肢，所以腹部共有6对附肢。其中雌雄个体的第一和第二附肢存在一定的差别，雄性个体的第一附肢内侧特化形成雄性交接器，在与雌性个体进行交配时用于传递精荚，第二附肢内侧另外生出小型的附属肢节为用于辅助交配的雄性附肢；雌性个体的第一附肢内肢变小，以便于交配行为的进行。第六附肢宽大，与尾节合称尾扇，其余附肢为游泳足，是对虾的主要游泳器官。游泳时，对虾步足自然弯曲，腹部的游泳足频繁划动，两条细长的触鞭向后分别排列于身体两侧；静伏时步足用以支撑躯体，游泳足舒张摆动，触鞭前后摆动；当受惊时，腹部迅速屈伸并通过尾扇有力地向下拨水，急速跳离原位置。

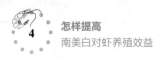

**【提示】**

在南美白对虾养殖过程中，放苗、分池、移池或其他操作易造成头部第一附肢（小触角）折断，损害其嗅觉和平衡能力，进而影响索饵、摄食等行为，甚至导致死亡。

## 二、内部结构特征

南美白对虾的主要内部器官可分为肌肉系统、呼吸系统、消化系统、排泄系统、生殖系统、神经系统、内分泌系统和体壁。

**1. 肌肉系统**

南美白对虾的肌肉主要是横纹肌，肌纤维集合形成强有力的肌肉束。其按功能可划分为躯干肌、附肢肌和脏器肌。从分布而言，肌肉主要集中于虾体腹部，这也是主要的食用部位。虾体腹部肌肉强而有力，几乎占据整个腹部，一方面可与附肢配合完成游泳动作，进行不易疲劳的持续性运动；另一方面，通过迅速地收缩和张弛，使尾部快速向腹部弯曲和平直展开，支持整个虾体有力地弹跳运动，从而完成逃避敌害等活动。

**2. 呼吸系统**

南美白对虾依靠鳃进行呼吸，其分布主要集中于头胸甲侧甲和体壁构成的鳃腔中。南美白对虾的鳃多为枝状鳃，根据着生位置不同可分为胸鳃、关节鳃、足鳃和肢鳃4种。每个鳃由鳃轴、鳃瓣和鳃丝组成，鳃有足够大的表面积以利于气体的交换。鳃内有丰富的血管网，包括入鳃血管、出鳃血管。血液经入鳃血管进入鳃部，在鳃瓣处进行气体交换，吸收水中的氧气，同时排出二氧化碳；富含氧气的血液再经过出鳃血管回流心脏，通过循环系统将氧气输送到体内各种组织器官，供生命活动。

**3. 循环系统**

南美白对虾的循环系统（图1-3）包括心脏、血管、血窦和血液，属于开管式的循环系统。心脏位于头胸部，靠近消化腺背后侧的围心腔中，呈扁平囊状，外包被一层称为心包膜的结缔组织，从甲壳外即可清楚地看到其有节律地跳动。动脉由心脏发出，每条动脉再分出许多小血管，分布到虾体全身，最后到达各组织间的血窦。血窦相当于南美白对虾的静脉，包括围心窦（又称围心腔）、胸血窦、背血窦、腹血窦及组织间的小血窦。血窦负责收集来自各个组织器官的静脉血，汇流进入鳃血管进行气体交换，从而形成血液循环。南美白对虾的整个循环系统担负着输送养料与氧气、二氧化碳及代谢废物的作用。

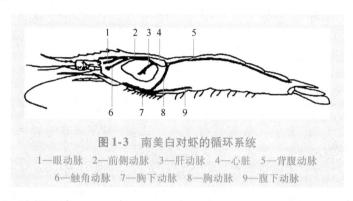

图1-3　南美白对虾的循环系统

1—眼动脉　2—前侧动脉　3—肝动脉　4—心脏　5—背腹动脉
6—触角动脉　7—肝下动脉　8—胸动脉　9—腹下动脉

## 4. 消化系统

南美白对虾的消化系统（图1-4）包括消化腺和消化道两大部分。肝胰腺是南美白对虾主要的消化腺，位于头胸部中央位置，是一个大型致密腺体结构，主要由多级分支的囊状肝小管组成。肝小管管壁由单层细胞构成，管腔呈五角星形或四角星形。肝胰腺的主要功能是分泌消化酶，消化、吸收、储存营养物质。

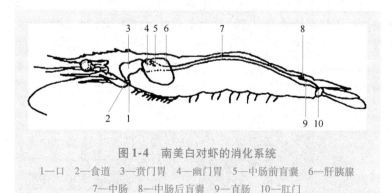

图1-4　南美白对虾的消化系统

1—口　2—食道　3—贲门胃　4—幽门胃　5—中肠前盲囊　6—肝胰腺
7—中肠　8—中肠后盲囊　9—直肠　10—肛门

南美白对虾消化道由口、食道、胃、中肠、直肠和肛门组成。口

位于头部腹面，口后连接垂直短管状的食道。食道后开口连接于由贲门胃和幽门胃共同组成的胃部。贲门胃呈长囊状，幽门胃的组织结构与贲门胃相似，通道内壁上遍布长刚毛。食物经胃和消化腺的消化后进入中肠，中肠为长管状，贯穿虾体背部。中肠是南美白对虾消化和吸收营养的主要部位，由中肠前盲囊、中肠、中肠后盲囊3部分组成，在饱食状态时整个中肠呈明显的黑褐色。中肠末端连接短而粗的直肠，直肠前粗后细，肠壁向腔内折叠形成许多纵嵴，腔面有几丁质衬里。

**【提示】**

在南美白对虾不同生长时期，肝胰腺的颜色和形状存在一定差异。虾苗（全长1~2厘米）从苗场进入养殖池塘后，饵料营养结构发生变化，肝胰腺的颜色也会随之发生变化。肉眼观察，可以发现苗场虾苗肝胰腺颜色偏黑，而池塘里的虾苗肝胰腺颜色偏黄，肝组织不是很饱满，轮廓相对清晰，无白色肝膜或非常模糊；幼虾（全长2~3厘米）的肝胰腺呈棕色，肝组织饱满，轮廓及肝斑纹清晰，白色肝膜可见；大规格幼虾（全长3~5厘米）的肝胰腺呈棕褐色，肝组织非常饱满，轮廓及肝斑纹清晰，白色肝膜明显。

**5. 排泄系统**

触角腺位于大触角基部，是南美白对虾的主要排泄器官，它由囊状腺体、膀胱和排泄管组成，主要承担排泄虾体废物的功能，同时还具有一定的调节渗透压和离子平衡的作用。南美白对虾是排氨型代谢动物，代谢废物主要以氨的形式排出体外，也有部分随食物残渣经由直肠和肛门排出体外。

**【提示】**

南美白对虾属于排氨型代谢动物，因此养殖水体中氨氮浓度过高，特别是非离子氨浓度过高时会阻碍南美白对虾体内氨的排出，从而导致排泄功能异常，出现氨中毒现象。因此，南美白对虾养殖过程中要注意控制养殖水环境中氨氮含量。

#### 6. 生殖系统

南美白对虾为雌雄异体。雌性生殖系统包括 1 对卵巢、输卵管和纳精囊。卵巢位于躯体背部，左右 2 个卵巢对称，与输卵管相连，生殖孔位于第三步足基部；雌性交接器位于第四、第五对步足基部之间，开口内为纳精囊。对虾的纳精囊分为两种类型，具有用于储藏精子的囊状或袋状结构的为封闭型纳精囊，无囊状结构的为开放型纳精囊。南美白对虾的纳精囊属于开放型纳精囊。雄性生殖系统包括 1 对精囊、输精管和精荚囊。精囊位置与卵巢位置相同，其后连接输精管，最后是 1 对球形的精荚囊，生殖孔开口于第五对步足基部。雄性交接器由第一游泳足的内肢变形相连而构成，中部向背方纵行鼓起，呈半管形。

#### 7. 神经系统

南美白对虾的神经系统属于链状神经系统，各体节的神经节多出现合并。整个神经系统由脑、食道侧神经节、食道下神经节、纵贯全身的腹部神经索和各种感觉器官组成，司虾体的感觉反射及指挥全身运动。南美白对虾的感觉器官主要有化学感受器、触觉器和眼。其中化学感受器主要感受味觉、嗅觉的刺激；触觉器主要为分布于体壁的各种刚毛、绒毛、平衡囊；成体对虾的眼为 1 对具有柄的复眼，用于感受光线刺激。

#### 8. 内分泌系统

南美白对虾的内分泌系统由神经内分泌系统和非神经内分泌系统两部分组成。神经内分泌系统包括脑、神经分泌细胞、X 器官-窦腺、后接索器、围心器等；非神经内分泌系统包括 Y 器官、大颚器官、促雄性腺等。内分泌系统通过分泌各种激素，调控虾体生长、性腺成熟、繁殖活动、色素活动、血液循环与呼吸活动，调节渗透压，协调各系统响应等机体各种生理机能。

#### 9. 体壁

南美白对虾体壁的最外层为由几丁质、蛋白质复合物和钙盐等形成的甲壳，用于支撑身体和保护脏器。甲壳下面是由结缔组织形成的底膜，具有多层上皮细胞。在南美白对虾生长蜕壳时，旧的甲壳被吸收、软化、蜕去，再重新由上皮细胞分泌几丁质逐渐硬化形成新的甲壳。

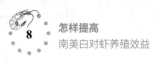

【提示】

　　甲壳是南美白对虾抵御病原感染的第一道屏障，除了起到机械阻挡作用外，甲壳表皮上还存在一些免疫因子和有益菌群，可以抑制或拮抗病原的穿透和扩散。一般来讲，生理状态较好的南美白对虾的体壁是光滑、不油腻的，不健康南美白对虾的体壁表现出发黏、发涩的特征。

## 第二节　南美白对虾的生态学特征

　　南美白对虾主要栖息在水温 20℃ 以上的自然海域，具有一定的昼夜活动节律，一般白天静伏在海底，傍晚后活动频繁，常缓游于水的中下层，稍有惊动，马上逃避。在南美白对虾人工养殖过程中，需充分了解并遵循其生态习性，在此基础之上加以合理的调控与管理，才能做到科学养殖，提高生产效率。

【提示】

　　南美白对虾与中国对虾不同，其夜间游塘行为较弱。

### 一、环境适应性

#### 1. 水温

　　南美白对虾在自然海域栖息的水温为 25～32℃，对水温变化有很强的适应能力，对高温变化的适应能力要强于对低温变化的适应能力。在人工养殖条件下，南美白对虾可适应的水温为 15～40℃，通过渐进式增温可耐受 43.5℃ 的高温。在规模化养殖生产过程中的最适水温为 25～32℃，水温低于 18℃ 时，南美白对虾停止摄食，长时间处于水温 15℃ 的低温条件下会出现昏迷状态，低于 9℃ 时开始死亡。通常养殖的幼虾在水温 30℃ 时生长速度较快，个体质量为 12～18 克的大虾于水温 27℃ 左右时生长较好；养殖水温长时间低于 18℃ 或高于 33℃ 时，南美白对虾多处于胁迫状态，抗病力下降，食欲减退或停止摄食，一般个体规格越小的幼虾对水温变化的适应能力越弱。

【提示】

　　南美白对虾对温度突变的适应能力较弱，容易出现应激情况，因此在虾苗运输和投放时需注意水温差，温差尽量控制在5℃以内，养殖过程中也要注意池塘水温的日变化情况。

### 2. 盐度

南美白对虾属于广盐性的虾类，能够适应的水体盐度为 0.2 ~ 34，自然水域中南美白对虾在河口咸淡水区域生长较好，在外界盐度变化的情况下，能通过主动调节来维持自身渗透平衡。养殖生产过程中其最适生长盐度为 14 ~ 22，该范围可能是南美白对虾的等渗点，用于渗透压调节的能耗最少。南美白对虾经过渐进式淡化可实现淡水中养殖，在淡化时日盐度降低不宜超过 2，直至水体盐度趋于淡水。因南美白对虾具有较强的盐度适应性，其养殖区域在不断地扩大。目前淡水养殖已成为我国内陆地区养殖南美白对虾的一种重要养殖模式，但淡水养殖会一定程度影响产量和品质。

### 3. 酸碱度（pH）

南美白对虾一般适于在弱碱性水体中生活，pH 以 7.8 ~ 8.5 较为适宜。当水体 pH 低于 7 时，南美白对虾会处于胁迫状态，个体生长不整齐，活动受限制，影响正常蜕壳生长。水体 pH 低于 5 时南美白对虾受到明显影响，甚至出现死亡。而在过高的 pH 条件下，水中氨氮的毒性将会大大增强，同样不利于南美白对虾的健康生长。

### 4. 透明度

透明度反映了水体中浮游生物和其他悬浮物的数量，是对虾养殖中需调控的水质因子之一。一般在虾苗放养 1 个月内水体透明度控制在 40 ~ 60 厘米为宜，养殖中后期的透明度为 30 ~ 40 厘米较好。当池塘中浮游微藻大量繁殖时会造成透明度降低，到养殖中后期水色较浓时，水体透明度甚至小于 30 厘米。在生物絮团养殖南美白对虾过程中，水体中生物絮团的量会影响水体透明度，在"温棚养殖"模式中，养殖中后阶段会进入"浑水"期，这也是水体中存在大量的生物絮团所致（彩图 1 和彩图 2）。

### 5. 溶解氧

水体中的溶解氧（Dissolved Oxygen，DO）是维系水生生物生命的重要因子，不仅直接影响养殖南美白对虾的生命活动，而且与水体的化学状态密切相关。南美白对虾的缺氧窒息点在 0.5～1.53 毫克/升。通常来讲，个体规格与耐受低氧的能力存在一定的关系，个体越大耐低氧能力越差。在蜕壳生长时，虾体对溶解氧的需求会有所提高，低氧条件不利于其顺利蜕壳。在南美白对虾养殖生产过程中，低密度养殖池塘的溶解氧含量应在 4 毫克/升以上，一般不应低于 2 毫克/升；高密度养殖池塘溶解氧供给需求较高，最好能保持在 5 毫克/升以上，不应低于 3 毫克/升。

【提示】

溶解氧除了部分用于维持养殖动物的生命活动外，大部分用于水体微藻、微生物等呼吸作用，以及水质和底质中有害物质的氧化。因此，养殖过程中需保证充足的溶解氧，以一天中溶解氧最低的时间（一般在凌晨 3:00 左右）能满足南美白对虾正常生命活动需要量为宜。

## 二、食性

### 1. 自然食性

南美白对虾的幼体营浮游生活，主要以微藻、浮游动物和水中的悬浮颗粒为食，在虾苗、仔虾阶段摄食部分微藻和浮游动物，长到成虾阶段则主要摄食小型贝类、小型甲壳类、多毛类、桡足类等水生动物。

### 2. 养殖食性

南美白对虾养殖过程中的饲料以发酵饲料和配合饲料为主，其对饲料的营养要求不高，如饲料蛋白质含量为 25%～30% 就能够满足南美白对虾正常生长需求，这个比例远低于中国明对虾、日本囊对虾和斑节对虾等其他主要养殖对虾对饲料蛋白质含量的需求。南美白对虾的生长速度与饲料营养均衡性相关，在养殖过程中应选择优质饵料。另外，其生长速度还与投喂频率密切相关，日投喂频率为 4 次的南美白对虾生长速度较投喂 1～2 次的要快 15%～18%。

### 三、繁殖及生长发育特点

#### 1. 南美白对虾的繁殖习性

南美白对虾的繁殖期较长，怀卵亲虾在主要分布区周年可见。对虾的纳精囊有开放型和闭锁型之分，开放型纳精囊对虾的产卵过程是先成熟再交配，而闭锁型纳精囊对虾则是先交配再成熟。南美白对虾的纳精囊属于开放型纳精囊，其繁殖特点与闭锁型纳精囊对虾有很大的差别，其人工繁殖技术要求高，繁殖难度大。

南美白对虾交配主要在日落时，通常发生在雌虾产卵前几个小时或者十几个小时，多数在产卵前 2 小时之内。成熟的雄虾释放精荚，并将它粘贴到成熟雌虾的第 3~5 对步足间的位置上。雄虾也可以追逐卵巢未成熟的雌虾，但是只有成熟雌虾才能接受交配行为。

南美白对虾成熟卵的颜色为红色，产出的卵粒为豆绿色。南美白对虾的产卵时间多在 21:00 至凌晨 3:00。每次从产卵开始到卵巢排空仅需 1~2 分钟。南美白对虾与其他对虾一样，卵巢产空后可再成熟。每 2 次产卵间隔的时间为 2~3 天，繁殖初期仅 50 个小时左右。产卵次数高者可达十几次，一般连续产卵 3~4 次后要伴随 1 次蜕壳。体长 14 厘米左右的对虾，其怀卵量一般只有 10 万~15 万粒。南美白对虾雄性精荚也可以反复形成，但成熟期较长，从前一枚精荚排出到后一枚精荚完全成熟，一般需要 20 天。但摘除单侧眼柄后，精荚的发育速度会明显加快。未交配的雌虾，只要卵巢已经成熟，就可以正常产卵，但所产卵粒不能孵化。

#### 2. 南美白对虾的生长发育阶段

南美白对虾的生长发育可分为受精卵→无节幼体→蚤状幼体→糠虾幼体→仔虾→幼虾→成虾 7 个阶段（图 1-5）。其中，仔虾后期及幼虾之后均属于对虾养成阶段，在此之前的其他阶段均属于幼体发育阶段，在虾苗培育场中完成。

从受精卵（彩图 3）孵化后，需经过无节幼体（6 期）、蚤状幼体（3 期）、糠虾幼体（3 期）和仔虾 4 个发育阶段，每期蜕皮 1 次，需经 12 次蜕皮。

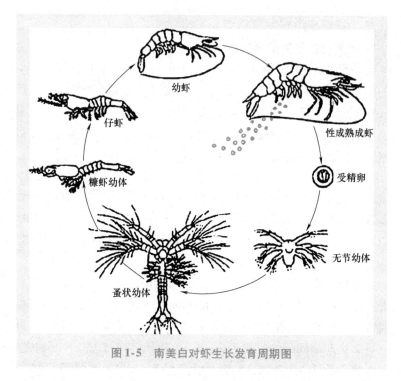

**图1-5 南美白对虾生长发育周期图**

（1）**无节幼体** 无节幼体分为6期（N1～N6），每期蜕皮1次，可根据尾棘和刚毛的数量变化进行鉴别。如彩图4所示，该阶段躯体不分节，有3对附肢，无完整口器，趋光性强，不摄食，依靠自身的卵黄维持生命活动，2天左右即可由无节幼体变态至蚤状幼体。

（2）**蚤状幼体** 蚤状幼体分为3期（Z1～Z3），约每天经历1期。如彩图5所示，进入蚤状幼体期后，趋光性强，躯体开始分节，形成头胸甲，生出7对附肢，具备完整的口器和消化器官，开始摄食，3天左右由蚤状幼体变态发育为糠虾幼体。

（3）**糠虾幼体** 糠虾幼体分为3期（M1～M3），约每天经历1期。如彩图6所示，糠虾幼体的躯体分节更加明显，腹部的附肢开始出现，头重脚轻，在水中呈"倒立"状，摄食能力有所增强，可捕食一些细小的浮游生物，约3天后，由糠虾幼体即可发育进入仔虾阶段。

（4）**仔虾阶段**    仔虾阶段的躯体结构基本与成虾相似，不再以蜕皮次数分期，而以经历的天数进行分期，如仔虾第二期为 P2，通常到 P4～P5 后，平均体长达到 0.5 厘米时，可根据市场需求进行出售、淡化或强化培育。选择虾苗的参考标准为个体粗壮，摄食好，运动能力强，无携带病原，体表无寄生物，畸形和损伤率小于 5%，弧菌不超标。强化培育的虾苗生长到规格为平均体长 0.8 厘米以上时（彩图 7），即可放入池塘中进行养成。

### 3. 蜕壳（皮）特性

南美白对虾的变态和生长发育总是伴随幼体的不断蜕皮和幼虾的不断蜕壳而进行的。因幼体的壳薄而软，一般多称为皮，幼体期以后虾壳增厚变硬，称为壳。蜕壳（皮）是南美白对虾生长发育的结果，当机体组织生长及营养物质累积到一定程度的时候必然要进行蜕壳。正常情况下，每蜕壳 1 次，虾体会明显增长，但是蜕壳不一定都会生长，比如营养不足时，虾蜕壳反而会出现负增长。蜕壳的同时还可以蜕掉附着在甲壳上的寄生虫和附着物，并且可以使残肢再生。由于四个幼体期（无节幼体、蚤状幼体、糠虾幼体和仔虾）的幼体在形态上存在很大的差异，一般又叫变态蜕皮。

虾类的蜕壳对于虾类本身来说是极其重要的，其影响虾类的形态、生理和行为变化，为虾类完成变态发育和生长所需，但也是导致畸形、生病、死亡的重要原因。南美白对虾的甲壳由真皮层上皮细胞分泌而来，由上表皮层、外表皮层和内表皮层组成。蜕壳过程大致分为蜕壳间期、蜕壳前期、蜕壳期、蜕壳后期和后续期。

（1）**蜕壳间期**    在蜕壳间期，虾壳钙化，吸收钙质和微量元素，虾会大量摄食，进行能量物质和微量元素的积累，为蜕壳进行物质准备。

（2）**蜕壳前期**    蜕壳前期真皮层会和表皮层分离，旧壳之上的表皮开始被吸收，钙质和微量元素被吸收进入血液，新表皮开始形成，摄食量减少，二层壳形成。当旧壳被吸收完成，新表皮与旧壳分离明显，摄食停止。新表皮分泌完成，虾开始吸水，准备蜕壳。

（3）蜕壳期　身体大量吸水后，旧壳破裂，虾弹动身体从旧壳中蜕出，此过程只有几秒或数分钟。一般低温会抑制蜕壳，延长蜕壳的时间。

（4）蜕壳后期　刚蜕出时，虾新壳柔软有弹性，虾开始大量吸水使新壳充分伸展至最大尺度，此时虾不摄食，活力弱。

（5）后续期　虾壳开始钙化，身体开始大量吸收钙质和微量元素。微量元素缺乏会使虾硬壳时间增长或不能完全硬壳，加大蜕壳期虾的风险。等壳硬化后，能够支撑身体时，虾体会排出身体吸收的过多水分，开始摄食，完成1次蜕壳周期。

【提示】

南美白对虾蜕壳多在夜间或清晨进行，时间短促，一般为10～15分钟。幼虾蜕壳次数通常比成虾多；营养均衡充足时，蜕壳亦较频繁；环境的刺激也会影响蜕壳。温度在28℃时，仔虾每30～40小时蜕壳1次。南美白对虾的蜕壳与月亮的圆缺有一定的联系，一般来讲，农历每月的初一或十五前后，南美白对虾会大量的蜕壳，在农历初一或十五前后5天，蜕壳虾数量占45%～73%。在低盐度或高水温条件下，相同时间的蜕壳次数有所增加，水体温度大幅度变化或在一些化学药物的刺激下会产生应激性蜕壳。

## 第三节　南美白对虾养殖特点

### 一、环境适应能力强

南美白对虾属于广温广盐的热带海水虾类，对生存环境条件有非常好的适应能力，是优良的虾类水产养殖品种。其可适应水温为15～40℃，最适生长温度为28～32℃；对水体盐度的适应范围为0.2～34，最适生长盐度为14～22，经过渐进式的淡化处理后，南美白对虾可实现淡水养成；最适生长 pH 为7.8～8.5；耐低溶解氧能力，其缺氧窒息点在0.5～1.53毫克/升。另外，南美白对虾具有较强的环境抗逆性，可耐受一定程度的氨氮、亚硝酸盐、硫化氢等有毒有害因子。

## 二、饲料营养要求低

南美白对虾为杂食性动物，在不同的发育阶段对饵料的营养要求不尽相同，从幼虾阶段即可以投喂适合口径大小的人工配合饲料。南美白对虾配合饲料的主要营养指标详见表 1-1。

**表 1-1　南美白对虾配合饲料主要营养指标**

| 营 养 成 分 | 幼 虾 料 | 中 虾 料 | 成 虾 料 |
|---|---|---|---|
| 粗蛋白质（%） | ≥36.0 | ≥34.0 | ≥32.0 |
| 粗脂肪（%） | | ≥4.0 | |
| 粗纤维（%） | | ≤5.0 | |
| 水分（%） | | ≤12.0 | |
| 粗灰分（%） | | ≤15.0 | |
| 钙（%） | | ≤3.0 | |
| 总磷（%） | | 0.90 ~ 1.45 | |
| 赖氨酸（%） | ≥1.8 | ≥1.6 | ≥1.4 |

## 三、养殖周期短

南美白对虾的苗种培育及成虾养殖周期较短，在适宜的环境条件下，南美白对虾仔虾培育阶段只需 8 ~ 12 天，仔虾经过 7 ~ 12 天的养殖和淡化就能达到 0.8 ~ 1.2 厘米的苗种规格，随后即可进行标粗或池塘养殖。成虾养殖周期根据不同的养殖模式和地域气候有所不同，一般成虾养殖周期为 60 ~ 100 天。在我国大部分地区南美白对虾 1 年可养 2 ~ 3 茬。

## 四、适宜高密度养殖

南美白对虾的领地行为不强，虾个体间相互残食性不严重，具有良好的群体共处特性，适合高密度养殖。通常在常规露天土池养殖条件下，可投放南美白对虾苗种 4 万 ~ 6 万尾/亩（1 亩 ≈ 666.7 米²），而具有良好的进排水和增氧系统的池塘可放苗 10 万 ~ 15 万尾/亩，经过 3 ~ 4 个月的养殖，其养殖的存活率在六成以上，通常土池养殖产量可达到 300~600 千克/亩，温棚养殖产量可达 500~1000 千克/亩，高位池精养产量可达 750~2500 千克/亩，工厂化养殖产量可达 5~15 千克/米$^3$。

### 五、完整的产业链

南美白对虾是目前世界三大对虾养殖品种之一，具有苗种繁殖技术成熟、繁殖效率高、幼体成活率好、运输技术成熟等特点。南美白对虾养殖还带动了池塘建设、养殖设施设备生产、对虾饲料、渔用投入品等行业的发展，促进了产业的协调发展。南美白对虾成虾离水存活时间长，抗逆性好，利于进行捕捞和活虾运输。南美白对虾的营养价值丰富，出肉率高达 65% 以上，活虾销售、加工成成品或者半成品都深受消费者的青睐。因此，近年来南美白对虾的消费市场广阔，整个产业的经济回报丰厚，形成了产业与市场的良好对接，促进了南美白对虾产业的良性循环。

## 第四节 我国南美白对虾养殖遇到的挑战

### 一、苗种质量退化

南美白对虾苗种质量好坏是决定养殖成功的关键因素之一。近些年，南美白对虾存在着种质退化问题，在繁育过程中因长期近亲交配、逆向选择，加之环境恶化等因素，南美白对虾养殖过程中会出现生长缓慢、抗病力下降、性成熟提早和肉质变差等现象。目前，市面上南美白对虾假苗和劣质苗鱼目混珠，导致苗种市场混乱，使得南美白对虾养殖面临着购苗如"赌博"的局面。

### 二、病害频发

南美白对虾养殖过程中一直受病害的影响，常见的病毒性疾病包括白斑综合征病毒病、桃拉综合征病毒病和传染性皮下及造血组织坏死病毒病等。这些疾病曾经一度对南美白对虾养殖产业致以毁灭性的打击，被列为国家一类、二类动物疫病。以弧菌和气单胞菌为主的对虾细菌性病害也制约着产业的发展。近些年，南美白对虾人工育苗生产"无特定病原"（SPF）和"抗特定病原"（SPR）苗种，在很大程度上对白斑综合征病毒病、桃拉综合征病毒病和传染性皮下及造血组织坏死病毒等起到了遏制作用。但是，近几年南美白对虾又暴发急性肝胰腺坏死症弧菌、对虾肝肠胞虫和对虾虹彩病毒等新型病害，特别是急性肝胰腺坏死症弧菌几乎在对虾养殖区均有发生，可在极短的时间暴发，死亡率高达80%～100%；对虾肝肠胞虫引起南美白对虾严重的生长迟缓，影响生长速度和经济价值，给南美白对虾养殖造成严重打击。

### 三、水质污染

水是南美白对虾养殖的物质基础，水质的好坏直接决定养殖的成败。据国家环保部门统计，我国82%的河流受到不同程度的污染，如果排入水体的工业废水、生活污水和农业废水超过了水体的自净能力，就会引起水质恶化，特别是一些持久性的污染物，如重金属、有机氯农药等在环境中长期残留，对南美白对虾养殖造成极大危害。另外，随着养殖规模的扩大，养殖集中地区的进排水难以系统性隔离，常常会将其他养殖户排放的含有高氨氮、亚硝酸盐和病原菌的水引入池塘利用，大大增加了养殖风险。

### 四、养殖用地削减

我国是一个农业大国，种植业依旧是我国的重要产业，我国人口多耕地少，耕地后备资源不足，为此国家专门制定了《基本农田保护条例》。《基本农田保护条例》第十七条规定：禁止任何单位和个人占用基本农田发展林果业和挖塘养鱼。从而用于水产养殖的区域受到了一定的限制，加上南美白对虾最佳的养殖水体需要一定的盐度，这些养殖水体盐度是大多数农作物不耐受的，养殖后的尾水达标排放较有难度，特别是处于基本农田附近的养殖区域与种植业有一定的矛盾。因此，适合南美白对虾养殖的土地资源有限，需因地制宜和谐发展。

# 第二章
# 合理选择养殖模式，
# 向模式要效益

## 第一节　养殖模式误区

### 一、养殖模式的认识误区

一般养殖者认为，通过学习和复制别人成功的养殖模式就同样可以取得成功。事实上，照搬别人的模式大多是失败的，在开始养殖之前一定要弄清本身的养殖条件，找到适合自己的养殖模式。

南美白对虾养殖有诸多模式：根据水体的盐度，可分为海水、咸水及淡水；根据养殖方式可分为外塘、温棚及工厂化等。不同的养殖模式具有不同的特点，养殖者要因地制宜，充分发挥本地的优势。如在海水与淡水养殖中，两者因盐度之间的差异而具有完全不同的养殖方法。又如高位塘养殖模式因需要具有较高的气温及较大的换水量，一般地区不具备这样的条件，因此该模式只能在有限地区发展。另外，建设如温棚或工厂化养殖设施需要较为丰厚的资金支撑，对养殖技术要求较高，养殖成本也明显高于其他养殖模式，养殖者需要对养殖模式具有较为全面的了解后再做选择。

### 二、养殖模式的管理误区

许多从业者认为，在一种养殖模式上取得了成功，就可以大胆地尝试其他的养殖模式。其实，这忽略了不同养殖模式之间的差异。不同的养殖模式其管理方式具有较大的差异。水产养殖有句谚语："养好了水，就能养好虾。"其本质就是水质调控在水产养殖过程中至关重要。在淡水与海水养殖条件下，所采取的水质管理的措施有很大差异。海水养殖条件下，其水体中的钙、镁及微量元素都较为丰富，基本不需要额外添加，但在淡水养殖条件下，则需要适时适量地添加以上元素才能保证南美白对虾正常生长及正常蜕壳。又如在露天外塘养殖的条件下，因对虾养殖密度较小、水体表面积较大及具有藻类的光合作用，其增氧措施较为简单，甚至无额外的增氧设备即可满足对虾呼吸代谢需求。但是在温棚及工厂化养殖条件下，因养殖密度高及藻类较少，南美白对虾生长代谢及水体消耗溶氧较高，必须配备较为完善的增氧设施才能满足养殖需求。再者，不同养殖模式对水体消毒处理的严格程度也具有不同等级，因露天养殖外塘的开放性，其对水质消毒灭菌的要求较低，而工厂化养殖车间因空间的密闭性，其消毒措施较为严格。因此，我们要充分了解不同养殖模式的管理方式，掌握不同养殖模式之间的技术要点，才能够控制好养殖过程中的各个环节，从而达到较高的养殖成功率。

## 第二节　正确选择养殖模式

### 一、海水、半咸水和淡水养殖

南美白对虾属于广盐性对虾品种，其养殖模式根据水体的盐度，可分为海水养殖、咸水养殖及淡水养殖 3 种主要养殖模式。这 3 种模式由沿海地区向内陆地区依次延伸，部分内陆盐碱地区也有少部分采用了咸水养殖模式。海水养殖模式主要指引流自然海水，经过滤、消毒、暗沉淀等方式，应用于对虾养殖过程的模式，其盐度一般为 15 ~ 35，其水体中含有大量的矿物质、营养盐及微量元素，具有较高的总碱度和硬度，且成分较为稳定，但同时也携带大量的病原微生物，如病毒、弧菌等。半咸水养殖模式主要指将沿海地下水、河口或咸水湖中水体应用于对虾养殖过程的模式，其盐度一般为 0.5 ~ 16，其成分较为复杂，一般都具有较高 pH、高氨态、高亚硝酸盐或硝酸盐、高碳酸盐等特点。与海水相比，不同区域的半咸水主要离子比值和含量差异也较大，但水体中的病原微生物较少。淡水养殖模式主要是指利用地表淡水或地下淡水的养殖模式，其盐度一般为 0.01~0.5，水体中的氯离子、钙离子含量较低，因此其总碱度及总硬度也较低。

【提示】

一般来讲，淡水养殖模式下对虾养殖产量比海水或半咸水养殖模式低，主要由于水体中的矿物质和微量元素（钙、镁、钾、钠盐等）较为缺乏，另外淡水养殖环境也存在其水质环境不稳定、有害环境因子胁迫较高等因素。

### 二、露天常规土池养殖

南美白对虾露天常规土池养殖模式，是指在露天无遮挡或无保温设施条件下，在原有池塘或在新建池塘中开展南美白对虾养殖的一种模式。池塘深度一般为 1.5~2.5 米，面积一般在 5~50 亩。该养殖模式具有相对独立的进水及排水系统，配备不同类型的增氧设备。常规土池养殖南美白对虾，放苗密度一般为 3 万~6 万尾/亩，养殖季里可以轮养轮捕。另外，根据不同的水体盐度在养殖过程中可搭配一定数量的草鱼、罗非鱼、黑鲷等肉食性鱼类，这些鱼类可摄食池塘中的死虾和碎屑，达到优化控制病原传播和优化水质的效果。通常情况下，常规土池单茬产量可达 400~600 千克/亩（图 2-1）。放养前的准备工作如下。

图 2-1　露天养殖池塘

（1）清淤修整、晒池　池塘养殖结束后要进行清淤修整、晒池，晒池时每亩撒上 50~100 千克生石灰，对池底翻耕后再行暴晒，天气晴好时晒塘 7~15 天，以池底呈龟裂状为好。养殖季开始时，先对池塘进行一定的修整，随后进水至 20~30 厘米水位，另外以 100~150 千克/亩生石灰或 20~40 千克/亩漂白粉化水后进行全池泼洒，水体混匀后，再将水体均匀泼洒至池坡，或利用水泵抽取消毒水进行全池喷洒，确保无死角，浸泡 2~3 天后，将消毒水排掉，彻底杀灭池底残留的病原体和有害生物。

（2）**进水与水体消毒**    进水前将进水管套上 50~100 目（孔径为 0.27~0.15 毫米）筛绢，去除水体中的大型原生动物和桡足类、枝角类等生物，以便于后期肥水育藻。前期先进水至 1 米水位，使用漂白粉 50~100 克/米$^3$ 进行消毒，24 小时后开启增氧装置去除水体中的余氯，放苗前利用余氯检测试剂盒检验，确保无余氯残留。

（3）**前期水体环境的调节**    当水体消毒的药效消失后，施用浮游藻肥、有益菌等制剂，培育良好的菌相和藻相，即形成适合虾苗生长的生态环境系统。一般来讲，放苗前 1 周开始对养殖水体进行调节，使放苗时形成稳定的水体生态环境。此外，总碱度和总硬度对于南美白对虾的生长至关重要，因此需在放苗前检测水体中的总硬度和总碱度。淡水或低盐度养殖环境下，总碱度要求为 75~120 毫克/升；在半咸水或海水养殖环境下，总碱度要求为 100~200 毫克/升。总硬度主要为水体中钙、镁等阳离子的总和，一般来讲对虾养殖过程中总硬度保持在 80~120（德国度）为宜（请见第五章第二节相关介绍）。

### 三、温棚养殖

南美白对虾为广温性热带虾养殖品种，在华东及华北温度相对较低的地区可以通过搭建温棚的方式提高水体温度，从而实现南美白对虾养殖。温棚模式与外塘养殖模式有时间差，因此南美白对虾售价较高，具有较好的养殖效益。但温棚模式对资金、技术、管理等都有较高的要求，养殖成本也较高。近年来温棚养殖模式（图 2-2）在江苏、浙江、山东及天津等地发展迅速。

图 2-2　养殖温棚

### 1. 温棚养殖土池的搭建

常见小棚池塘面积在 350～600 米$^2$；池壁坡角度为 30～45 度，为防止池塘漏水，池壁常覆盖一层黑色塑料薄膜；池长 40～60 米，池宽 9.5～10.5 米，池深 0.8～1.2 米，池底宽 6.5～7.5 米，池底不覆盖薄膜；棚高 1.9～2.2 米，支架以镀锌钢管、竹条或杉木为主，主要以单层塑料薄膜覆盖，双层膜保温效果更佳，薄膜厚度一般为 0.4～0.8 毫米，具有较好的透光性；棚长两端常有 1.5 米×0.8 米小门，以供出入或通风；高温度夏时部分小棚覆盖黑色遮阳网以降低棚内温度；棚架下边缘处挖设排水沟，以防止雨水倒灌，以免造成水质环境剧烈改变引起对虾应激反应。

### 2. 养殖前的准备

（1）池塘的清理与消毒　池底及池壁的淤泥可使用高压水枪进行冲洗，冲洗后对池底进行整平处理，有条件者可以在池塘每间隔 10 米处设置底排污管；天气允许条件下，池塘暴晒 7 天，底泥龟裂或泥土松散为佳；进水至 20～30 厘米水位，使用生石灰 150～200 千克/棚或火碱（氢氧化钠）（使水体 pH 达 12 以上）浸泡 5 天，其间多次搅匀生石灰水，并使用小水泵将生石灰水喷洒至池壁消毒。消毒后将生石灰水排掉，并进水 1 次或 2 次冲洗池底，调节水体使 pH 为 7.5～8.5。

（2）进水及水环境的早期调节　进水时，将沉淀、砂滤或抽取的水体处理后引入池塘，一般先进水至 60～70 厘米水位，随着养殖进程逐步将水加深至 80 ~ 120 厘米。使用生石灰、漂白粉或相关消毒剂对水体进行消毒处理，水体进行曝气处理后，施以 1.5 ~ 2 千克/棚硫代硫酸钠和适量有机酸进行水体解毒。消毒及解毒 2 ~ 3 天后使用有机酸、微生态制剂及微藻营养制剂培育水体环境，以达到藻相与菌相的平衡。一般 2 ~ 3 天后水色呈现豆绿色（彩图 8），表明已达到比较稳定的水质，适合对虾苗种的投放。

### 四、高位池养殖

高位池养殖模式是一种建于自然海水的高潮线以上，可以排干池水，利用水泵提水，高密度集约化的对虾养殖模式。高位池养殖模式最早出现在我国台湾地区，在 20 世纪 80 年代后其他省份开始摸索该模式，近年来在广东、浙江及江苏地区开始蓬勃发展。该模式具有高投入、高风险及高回报三大特点，对苗种质量、养殖技术及管理有极高的要求。该养殖系统主要由养殖池塘、砂滤式进水系统、蓄水消毒池塘、标粗池、增氧系统、排污系统、进排水系统等一系列设施组成（彩图 9）。

**1. 高位池的搭建**

1）高位池建于高潮线以上，不受台风或暴雨的影响，具有较好的排水系统。

2）砂滤式提水能最大限度地降低将水体中有害原生动物、病原微生物引入养殖池塘的可能性（图 2-3）。

图 2-3　砂滤罐

3）蓄水池以生石灰、漂白粉等化学方式与暗沉淀物理方式相结合，最大限度地净化水质。

4）养殖池塘以铺地膜、水泥护坡为主，面积一般为 2 ~ 10 亩。水泥护坡可以有效地降低其他甲壳类动物病原的传染，如小型螃蟹、虾等。

5）增氧系统要求强度高，近年来以底增氧（1.5 千瓦/亩）与风车式增氧机（1.5 千瓦/亩）相结合的增氧方式，最大限度地保证水体的溶解氧，又可以有效地将粪便及残饵集中于中央排污口。

6）排污系统设于池塘中间，在气流带动水流旋转的作用下，残饵及粪便集中在池底中央最低处，提起排污管排污以保证水质的稳定。

7）进水系统利用水泵提取蓄水池处理消毒后的水体，每天换水量为 10% ~ 60%。

8）养殖过程中水质管理要求较高，科学运用藻相、菌相平衡技术优化水质，主要施用的微生态制剂包括芽孢杆菌、乳酸菌、光合细菌等，并合理施用藻类培养肥料，保证藻相平稳，达到稳定的水色，从而为南美白对虾健康生长提供优良的水质条件。

**2. 养殖前的准备**

**（1）提水时机的选择**　选择自然海水条件较好时，提取海水砂滤输入蓄水池。

**（2）蓄水池塘的消毒与水体消毒**　使用高压水枪对蓄水塘池底及池壁的污泥进行冲洗，冲洗干净后引入经砂滤处理后的水体，以 50 ~ 100 克/米$^3$ 漂白粉或其他氯制剂消毒水体，消毒后的水体利用自然晾晒或曝气的方式去除水体中的余氯。在条件允许的情况下，可将消毒后的水体引入暗沉淀池处理 2 ~ 3 天，暗沉淀的水体可直接引入养殖池塘。

**（3）池塘的清理与消毒**　池底、池壁、增氧管路及增氧水车可使用高压水枪进行冲洗，进水至 20 ~ 30 厘米水位，使用生石灰 150 ~ 200 千克/亩或火碱（使水体 pH 达 12 以上）浸泡 3 ~ 5 天，其间多次搅匀生石灰水，并使用小水泵将生石灰水喷洒至池壁消毒。消毒后将生石灰水排掉，并进水 1 次或 2 次冲洗池底。

（4）进水及水环境的早期调节　一般先进水至 1.0～1.2 米水位，随着养殖进程逐步将水加深至 1.2～1.5 米。使用生石灰、漂白粉或相关消毒剂对水体进行消毒处理，水体进行曝气处理后，施以 1.5～2 千克/棚硫代硫酸钠、适量有机酸进行水体解毒。消毒及解毒 2～3 天后使用有机酸、微生态制剂及微藻营养制剂培育水体环境，以达到藻相与菌相的平衡。一般 2～3 天后水色呈现豆绿色，表明已达到比较稳定的水质，适合虾苗的投放。

## 五、工厂化养殖

工厂化养殖是指在人工调控条件下，利用有限水体及相关渔业现代化技术手段，进行环境友好型的南美白对虾高水平养殖活动（图2-4）。其主要特点为运用物理、化学、生物、电子及物联网等相关现代化技术，融入生物学、微生物学、微生物工程学、水处理工程学、信息与计算机等学科，实现南美白对虾养殖高密度、健康、稳定及高产。其养殖系统主要包括：水体过滤系统、蓄水池处理系统、消毒系统、增氧系统、保温系统、水体净化系统、水质监测系统、饲料自动投喂系统、废水处理系统等。尽管南美白对虾工厂化养殖模式相比其他养殖模式而言，其建设和运营成本远高于其他养殖模式，但由于我国日益压缩的土地资源及环保诉求，工厂化养殖方式也逐渐受到人们的关注。

图2-4　工厂化养殖

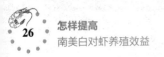

### 1. 各环节具体特点

（1）**水体过滤系统**　水体过滤主要利用物理过滤的方法去除水体中固态废弃物、悬浮物及大型水生动物等。常用的过滤器为砂滤器，滤料有石英砂、煤渣、活性炭、高分子滤网等。此外，还有一些滤料填充物可以吸附水体中的氨氮和亚硝态氮，如活性炭、沸石、硅胶等；锰砂可以吸附水体中的重金属离子。

（2）**蓄水池及消毒处理系统**　目前，蓄水池不仅可以进一步处理水质，而且可以为高峰用水期提供水体缓冲空间，因此在工厂化养殖过程中越来越受到重视。蓄水池与消毒系统结合越来越紧密，过滤后的水体在蓄水池中可经暗沉淀、臭氧杀菌、紫外线照射、絮凝（使用硫酸铝、氯化铝）、中和（使用草酸、乙酸、氢氧化钠）的方式进一步地处理，从而保证水体安全稳定。

（3）**增氧系统**　增氧系统是南美白对虾高产养殖模式最重要的核心组成部分之一，尤其是在工厂化养殖模式中至关重要。在工厂化养殖模式中主要以底增氧方式为主，可使用拐嘴气举泵、高曝气罗茨鼓风机、喷水泵增氧，一般要求供氧量达到养殖水体的 $1\% \sim 2\%$。实践证明，高密度养殖模式下的南美白对虾在夜间容易出现缺氧，因此提高溶解氧的方法对于工厂化养殖至关重要，而且高溶解氧有利于南美白对虾生长。近年来，纯氧发生器、液氧增氧系统（图2-5）等越来越广泛地应用到工厂化养虾模式中。

图2-5　液氧储存罐

（4）**保温系统** 在厂房条件下，主要以增温为主，使水温保持在南美白对虾最宜生长范围内。一般来讲，增温系统主要有锅炉管道加热、电加热、太阳能加热及地热水加热的方式。值得注意的是，在管道加热方式中应选择安全、耐腐蚀的管道材料，电加热方式应严格保障电路绝缘安全。

（5）**水体净化系统** 南美白对虾工厂化养殖池塘中主要由中央排污系统、泡沫分离系统、生物膜净化系统及循环系统等环节协同作用，构成水体净化系统，保证水环境的稳定。中央排污系统主要在气流的驱动下，使水体在转动的过程中将残饵、粪便及虾壳等集中于排污口，随后由养殖池排到废水处理池中。泡沫分离是一项利用物质在气泡表面吸附性质的差异进行分离的技术，通过向溶液鼓泡并形成泡沫层，将泡沫层与泡相主体分离，可以有效地去除溶解性有机物和悬浮物，达到净化液相主体的目的，适用于集约化水产养殖中闭合循环水处理。泡沫分离法的不足之处是水中有益的微量元素会被一并去除，在应用时必须注意水体中营养元素的变化，并及时加以调整。此外，泡沫分离器不适用于淡水，淡水中缺乏电解质，有机物分子与水分子之间的极性作用小，气泡形成的概率低，气泡的稳定性亦差，用泡沫分离器在盐度大于 5 的水体中去除水中蛋白质的效果才会更好。在工厂化养虾模式中，生物膜净化技术处理水产养殖过程中的循环水是养殖水体净化技术的发展趋势。生物膜净化技术通过选择合适的滤料，营造细菌生长的微环境，培育细菌、原生动物及后生动物生态系统，从而去除水体中的有机物及营养盐。根据处理设备及运行方式，生物膜净化技术可分为生物滤池法、生物转盘法、生物流化床法等，其中应用最多的为生物滤池法。

（6）**水质监测系统** 目前，较为先进的在线、自动化环境监控系统被应用到工厂化养殖模式中，通过收集和分析相关水质参数，如溶解氧、pH、温度、总氨氮、流速等数据，对养殖环境进行有效的实时监控及分析，为调整工厂化养殖系统的管理提供数据参考。

**2. 养殖前的准备**

（1）**过滤系统的消毒** 养殖周期结束后，将过滤系统的滤料进行反冲处理或将滤料（砂滤、沸石、煤渣或活性炭）取出暴晒；对

于高分子材料进行填料的更换，以保证过滤吸附效果。

（2）**管道系统的消毒处理**　使用 1 千克/米$^3$ 漂白粉或其他氯制剂对进、排水管路进行浸泡消毒处理 24 小时，处理结束后用新水冲刷管路，以保证无余氯残留。

（3）**养殖池的清理与消毒**　池底、池壁、增氧管路及增氧水车可使用高压水枪进行冲洗，进水至 30～50 厘米水位，使用适量生石灰或火碱使水体 pH 达 12 以上浸泡 3～5 天，消毒后将生石灰水排掉，并进水 1 次或 2 次冲洗池底。对于水泥池也可采用喷火枪进行灼烧处理，能够有效杀灭残留的病原，处理后的池壁重新刷一层水产专用漆，灭菌效果更佳。

### 六、混合养殖

在外塘养殖模式中，由于受到病原、环境胁迫及管理复杂等多重影响，养殖发病率日益升高。近年来，外塘的混合养殖模式因在生态防病、空间互补等方面展现出一定的优势而日益受到关注。其中，主要混养的模式有南美白对虾与鱼类（黑鲷、草鱼、罗非鱼、胡子鲶等）混养，南美白对虾与虾（罗氏沼虾、日本对虾等）混养，南美白对虾与蟹类（青蟹、梭子蟹等）混养。不同混养模式的特点如下。

（1）**南美白对虾与鱼类混养**　在此模式中，选用的鱼类主要为肉食性鱼类或杂食性鱼类，如黑鲷、草鱼、罗非鱼、胡子鲶等，依据不同的水体盐度选择投放。一般情况下，投入混养鱼前需要对南美白对虾虾苗进行标粗（图 2-6），通常在池塘的一角将虾苗标粗至 4～6 厘米后才可将鱼放入。

图 2-6　网箱标粗

（2）**南美白对虾与虾混养** 近年来，南美白对虾受到虾肝肠胞虫、急性肝胰腺坏死综合征致病性弧菌（AHPND-Vp）的严重困扰，选择与南美白对虾病原相异的对虾品种混养，可有效解决此问题。如罗氏沼虾、日本对虾等，在南美白对虾发病期基本不受影响，可以较好地降低养殖风险。一般来讲，养殖水体盐度在 6 以下时可以选择罗氏沼虾与南美白对虾混养，两者放养的体长需要较为一致，以避免相互残杀；养殖水体盐度在 20 以上时可以选择日本对虾与南美白对虾混养，两者混养时体长也需要相近，以避免相互残杀。

（3）**南美白对虾与蟹混养** 南美白对虾主要生活在池塘水体的中下层，活动性较强，而蟹类主要以底层栖息为主，因此生态位可以互补。此外，蟹类如梭子蟹以动物性饵料为主，濒死或死亡的虾个体会被蟹捕食，进而切断病原传播。一般来讲，与南美对虾混养的蟹主要是青蟹和梭子蟹，主要在海水池塘养殖模式中进行。放养时，南美白对虾放养密度一般为 3 万 ~5 万尾/亩，待规格为 3 厘米后再投放蟹苗，蟹苗一般投放密度为 200 ~300 只/亩，规格为 40 ~60 克/只。

# 第三章
# 科学选种，向良种要效益

## 第一节　南美白对虾种苗选择误区

### 一、苗种来源与品系概念不清

南美白对虾主要栖息海域在美洲太平洋沿岸，我国没有南美白对虾的自然分布海域。因此，南美白对虾种源长期受控于国外，我国苗种生产主要通过引进国外种虾，在国内进行人工繁殖，将虾苗培育到一定规格后出售给养殖户进行成虾养殖。我们经常会听到"一代苗""二代苗"和"土苗"的概念，其实这是养殖户和苗种生产企业根据对虾亲本来源的不同，对所生产的虾苗进行的分类。其中，直接由美国、厄瓜多尔等南美白对虾原产地引入亲本，在国内培育出的子一代虾苗即为养殖者俗称的"一代苗"。子一代在国内经养殖至性成熟后，选育体型规格和抗逆性具有相对优势的个体作为亲本进行人工授精和虾苗生产，培育出的子二代即为俗称的"二代苗"。苗种生产企业在未建立明确选育技术方案的前提下，从市场养殖的商品虾群体中筛选规格相对较大的个体作为亲本，经过强化培育后用于虾苗生产，由此生产的虾苗即为"土苗"，土苗的亲本来源信息不明确。业内普遍的观点认为，"一代苗"长速快、规格整齐，但对本土环境的适应能力相对较差；"土苗"的特点则与之相反，它对本土的养殖环境适应力强于"一代苗"和"二代苗"，但生长速度相对较慢，养殖过程中容易出现对虾个体大小规格差异较大的状况；"二代苗"的生长速度、个体生长差异和环境适应能力，均介于"一代苗"和"土苗"之间。

二、苗种病原检测认识不足

南美白对虾养殖的成功与否跟苗种质量的好坏有较大关系。在传统养殖过程中，养殖户把关苗种质量难度大，只能通过活力和外观情况进行简单筛选，购苗基本靠经验和感觉。近些年，通过开展南美白对虾苗种检疫工作发现，苗种携带病原的情况非常普遍。在养殖携带病原的虾苗过程中，一旦水质和环境条件变化，就存在暴发疾病的风险。因此，苗种的病原检测是挑选优质苗种过程中非常关键的环节，可以很大程度上降低因苗种携带病原引发疾病的风险。

病原检测合格的苗种也并不代表养殖过程中不会暴发相应疾病。首先，病原检测多采用分子检测手段，对样品的需求量很少，抽样送检时也只能抽取少部分的苗种，抽样无法完全代表整批苗的情况，因此会有漏检的可能性，但是只要是通过有资质的检测机构检出病原的，就说明该批苗一定存在病原。其次，疾病的发生还与养殖过程中的管理存在很大关系，大多数病原具有水平传播性，养殖的水源、工具甚至人员操作都有可能传播病原。最后，除病原外，南美白对虾苗种质量还受到亲虾种质、抗生素苗和高温育苗等因素影响。因此，在养殖过程中还要加强病原监测的意识，做到早发现、早防范。

## 第二节　南美白对虾苗种繁育及运输的主要途径

### 一、亲虾培育

我国南美白对虾苗种繁育的亲虾大多从美国等国家进口，国内近年来也选育了一些优良品系。在亲虾培育过程中，培育池呈长方形，面积一般为 $20 \sim 30$ 米$^2$，水深 1.2 米左右，以半埋式为好，除保温性要强外，还要能够调节光线，便于进排水、吸污、充气和进行日常管理。亲虾蓄养密度为 $8 \sim 10$ 尾/米$^2$，水温为 $26 \sim 30℃$，盐度为 $30 \sim 35$。

在亲虾成熟之前，一般多采用雌、雄虾分别培养。在亲虾性腺促熟过程中，必须强化营养，普遍采用的鲜活饵料必须做到严格消毒处理，防止饵料携带相关病原。培育期间，因水温高、投饵量大，水中的排泄物、残饵及其他代谢产物较多，易使水质恶化。为保持良好的水质，除不断充气外，还需加大换水量，新水需经过滤消毒处理，同时进行池底吸污。

## 二、苗种繁育

繁育场多以工厂化为主，需要控制好室内的光照和水温。南美白对虾不喜光，养殖室的窗户要用遮阳网遮盖，营造一个黑暗、适合生长的场所。池塘以长方形为佳，大小约 50 米$^2$，池深 1～1.5 米，水深 0.5～0.6 米。每个亲虾培育池都要配备增氧设施，以保证亲虾有足够的氧气，水体的溶解氧保持在 7 毫克/升以上。水体氨氮在 0.2 毫克/升以下，水温在 28℃左右，水体的 pH 在 8 左右。

选择具备生长速度快、成活率比较高、无特定病原（SPF）、体型匀称、体色透亮、活力强、个体大（雌性虾体重大于或等于 35 克/尾，雄性虾体重大于或等于 30 克/尾）的优质亲虾。按照繁育计划进行亲虾人工催熟。亲虾的催熟多用灼烧的镊子摘除单侧眼柄的方法，因为眼柄中分布着抑制虾性腺成熟的神经分泌器官。雄性虾和雌性虾要分池养殖，放养密度为 10～15 尾/米$^2$，选取优质饲料进行营养强化，每天投喂 3 次，投喂后 2 小时左右要对池底的残饵粪便进行清理，保持培育池水质的新鲜。

养殖 1 个月左右对虾的性腺发育成熟，此时可以进行配对，交尾多在下午 6:00～7:00 进行，交配时雄虾排出精荚，黏附在雌虾胸部第三、第四对步足之间，也就是纳精囊的位置，精荚裸露在外面。交尾完成以后，要及时将雌虾挑出来，转移到产卵池中。雌虾产卵需要一个安静舒适的环境，南美白对虾一般是当天交配当天产卵，这时一般要保持 28～29℃的水温，温度过高或过低都会推迟产卵时间。晚上 10:00 到凌晨 1:00 是产卵的黄金时间。产卵时雌虾会躁动不安，不停地在水中游来游去。雌虾排卵时多浮在水体上层，一边游动一边排卵，卵呈透明状，略带黄色。在雌虾排卵时，粘在其身上的精荚同时释放精子，这样虾卵在水中完成受精。南美白对虾的排卵量较大，一般 1 尾雌虾排卵量可达 30 万～40 万粒。排完卵的雌虾要及时放回雌虾池进行休养生息。

南美白对虾的卵属于漂浮性的卵，主要漂浮在水体中。大量的卵堆积在一起非常容易出现缺氧，造成大量死亡，因此在管理过程中，要每隔 0.5 小时左右轻轻地推 1 次卵，让它们重新漂浮在水体中，保持足够的溶氧。第二天早上 9：00 左右，无节幼体就破壳而出。南美白对虾的卵孵化率能达到 90% 以上。无节幼体阶段的虾苗非常活跃，但也非常脆弱，需要精心照料。无节幼体的密度非常大，每立方米水体 400 万 ~500 万尾。无节幼体阶段靠自身卵黄提供营养，不需要摄取任何食物。无节幼体一般 1 ~2 天便发育至蚤状幼体阶段，该阶段需要培育 2 ~3 天，这个时期需要及时进行转池，给它们提供一个更大的生活空间。接着蚤状幼体就发育成糠虾幼体，糠虾幼体"倒吊"在水中，开始摄食浮游生物，这时要给它们投喂适口的饵料，多以单胞藻或丰年虫等为主，此时一定要确保生物饵料不携带病原。约 3 天的培育，糠虾幼体发育成仔虾，该期虾进行营养强化和淡化即可进行苗种销售。

### 三、苗种淡化

南美白对虾经淡化可在微咸水或淡水环境中养殖。根据各地区放苗时间，提前引进 3 日龄未经淡化的南美白对虾仔虾，经病原检测合格后，引入淡化池进行淡化。每个育苗周期为 12 ~15 天，前 4 天为前期，中间 4 天为中期，后 4 ~7 天为后期。首先在放苗前 1 周用池塘水和卤水配制成虾苗产地水环境的水体盐度，然后在配水池内用臭氧消毒。布苗前 3 天，苗池泼洒光合细菌、亚硝化细菌等生物制剂，布苗密度为 6 万 ~8 万尾/米$^3$。整个育苗过程中以虾片为饵料，前期搭配卤虫幼体和冷冻的海水轮虫。前期日投饵 12 ~16 次，每次间隔 1.5 ~2 小时，日投饵量为虾体重的 18% ~20%；中后期日投饵 8 ~12 次，每次间隔 2 ~3 小时，日投饵量为虾体重的 30% ~40%。育苗期间日换水 2 次，育苗池水深保持在 0.9 米左右，pH 为 7.8 ~8.5，水中溶解氧大于 5 毫克/升。前期日换水量为 20%，日降盐度为 2，中期日换水量为 40%，后期为 60%，中后期则日降盐度为 1.5，降至与池塘水盐度一致。整个育苗期间用加热设备加热，保持水温在 27 ~29℃。

【提示】

在淡化过程中，主要病原是弧菌属和气单胞菌属的细菌。这些细菌在水中有机物丰富、化学需氧量（COD）和总氨氮值较高、水底层溶氧较低时大量繁殖。使用臭氧进行消毒处理时，能够有效氧化水体中的有机物，而且只要水体中有剩余臭氧存在，亚硝酸盐就会被全部氧化。此外，臭氧的氧化产物是氧气，还可以提高水体的溶氧水平，从而抑制细菌的繁殖。臭氧具有无毒、无害、无残留的特点，不会使细菌、病毒产生抗药性。

### 四、虾苗运输

虾苗运输方式最为常见的是利用特制的薄膜袋充氧运输。薄膜袋容量约为 30 升，装水 10~15 升，视苗的规格确定装苗的数量，体长 0.8~1.2 厘米的虾苗每袋可装入 5000~10000 尾，袋内充满氧气，经过 5~10 小时的运输，虾苗仍可保持活力。运输过程中应特别注意温度的控制，可要求育苗场出苗时提前准备，将包装袋水温控制在 19~22℃。如果虾苗场与养殖场的距离较远，虾苗运输时间较长，出苗时可酌情降低虾苗个体规格或虾苗袋装苗数量，并将虾苗袋放置在泡沫箱中，箱内放入适量的冰袋控温，然后用胶布把泡沫箱口封扎好，严格控制运输途中的水温变化。同时，还应提前掌握好天气信息，做好运输途中的衔接，尽量减少运输时间。

【提示】

南美白对虾苗种运输需根据苗种大小和运输时间合理确定放苗密度，在运输过程中需要控制水温，温度过高时可以通过加冰的方式降低运输温度。

## 第三节　选择南美白对虾健康苗种的主要途径

南美白对虾苗种质量的好坏是影响养殖成功率的重要因素之一，养殖过程中首先要把好苗种关，苗种选择既要依靠科学技术又离不开实践经验。在苗种品牌的选择上建议选择大品牌虾苗，大品牌虾苗的种虾通过正规渠道引进，育苗环节设施完备，选用优质饵料，繁育场管理制度严格，这些都在很大程度上保证了苗种的品质。养殖户在选择苗种时可以从如下几个方面来判定苗种质量。

### 一、选择信誉好的苗场

选择南美白对虾苗种时，首先要选择口碑好、引进大品牌苗种的苗场，购买虾苗前 2 ~ 3 天亲自到虾场察看，对育苗单位进行以下了解。

（1）设施条件　虾苗是否严格按照育苗操作规范培育。主要查看生产记录是否完整，鲜活饵料清洗消毒是否彻底，育苗工具是否专池专用，车间是否干净整洁。

（2）苗种来源　是否有亲虾培育车间或从其他苗场购买幼体，亲虾、幼体及培育苗种是否健康，是否有条件进行对虾病毒测试，或请有条件的单位进行对虾病毒测试。

（3）育苗规范性　了解其育苗水温、育苗周期、育苗成功率和出苗率。育苗水温不允许超过32℃，否则可以认定为"高温苗"。虾苗在适宜水温范围内，生长速度随水温的升高而增加，高温育苗生长速度快但苗种质量差，所以"高温苗"养殖效果往往不佳。育苗时间过长或过短的苗，摄食和生长发育都不正常，正常的育苗周期一般是 12 ~ 15 天。

（4）育苗饵料　是否使用生物饵料；有无生物饵料培养池，一般轮虫、丰年虫幼体使用较多的虾苗质量较好；是否使用优质及信誉好的育苗配合饵料品牌。

### 二、虾苗质量判断指标

选购南美白对虾虾苗时，可以通过观察和检测常规的几项指标来初步判定虾苗的质量。

（1）活力　虾苗个体大小均匀，体色透明，活力强。健康苗对外界刺激敏感，敲击容器时迅速跳开，无沉底现象，离水后有较强的弹跳力，放养后集群明显。

（2）大小规格　虾苗个体全长为 0.8 ~ 1.0 厘米，苗种规格整齐，虾苗的触须要并在一起坚挺向前，尾扇要完全打开，腹节要较长。

(3) **体表外观** 虾苗体表要干净，无寄生生物和损伤。健康虾苗肢体完整，苗体粗壮，体表光洁无寄生虫，头胸甲无白斑，鳃部不发黑，肌肉透明，可清楚看到肝胰脏呈深褐色，肠道清晰，无断须、红尾和红体现象。

(4) **摄食情况** 虾苗食欲旺盛，抢食现象明显，投喂饵料几分钟后胃部即可见到食物团，此现象表明虾苗的体质比较健康。虾苗的肝胰腺饱满，呈鲜亮的黑褐色，肠胃饱满，胃呈橙红色，肠道内充满食物，呈明显的黑粗线状，腹节肌肉宽度与肠道宽度之比应大于4:1。

(5) **游泳活力** 在静止状态下大部分虾苗呈伏底状态，对水流刺激敏感，无沉底现象。直身游动，速度快，有明显的方向性，不转圈游动，搅动水体时逆水游动，水静止时靠边附壁，离水后有较强的弹跳力。

(6) **抗生素检测** 为了提高苗种的存活率，有些苗种生产商会在育苗时使用抗生素来应对细菌病害，这种苗在养殖过程中对细菌性病害的抵抗性较差，导致养成率较低，因此要通过抗生素残留检测来挑选未使用抗生素育出的虾苗。

(7) **病原检测** 苗种不要携带常见病原，例如白斑综合征病毒（WSSV）、桃拉综合征病毒（TSV）、传染性皮下及造血组织坏死病毒（IHHNV）、肝胰腺细小样病毒（HPV）、传染性肌肉坏死病毒（IMNV）、对虾肝肠胞虫（EHP）、急性肝胰腺坏死症弧菌（AHPND）等。购苗时可委托具有检测资质的机构进行检测，挑选常见病原均未检出的苗种，降低养殖风险，同时可利用具有资质的检测报告维护合法权益。

### 三、虾苗活力的判别方法

在拿苗前到苗种培育场观察虾苗的活力情况，优质健壮的苗种大多分布在水体中上层，而体质较差的则集中在水体下层或池底。可通过现场试验来检测虾苗的活力情况，常见的方法有顶水流测试、抗离水测试、温差测试和抗盐度应激测试等。

(1) **顶水流测试** 用水瓢等圆形容器从苗池中取一定量的苗，

用手沿顺时针或逆时针方向搅动水体，如果虾苗顶水流游动或趴伏在水瓢底部，说明虾苗的活力较好、体质健康。如果虾苗集中在水瓢中心或随波逐流，说明虾苗的活力和体质较差。

（2）抗离水测试　从育苗池中取出一定量的虾苗，放置在拧干的湿毛巾上，将毛巾对折覆盖10分钟后再将虾苗放回育苗水体中，视虾苗存活率的高低来判定苗种体质的优劣。

（3）温差测试　从苗种培育池取一定量水体置于容器中并把水温降低到5℃左右，将虾苗放入冷水中5~10秒再放回原育苗水体中，如果短时间内虾苗可恢复活力，说明体质健康。

（4）抗盐度应激测试　将小部分测试苗种迅速放入盐度有较大反差的水体中，15分钟后将其移回到原来的育苗池水中，如能恢复正常且具有较高成活率，说明该苗种较健康，抵抗外界刺激能力强。

### 四、虾苗淡化

一般育苗场培育虾苗的水体盐度相对较高，低盐度养殖地区选购虾苗时应提前与育苗场进行沟通，告知养殖池塘水体的盐度、温度、pH等相关水质信息，要求育苗场在出苗前1~2周开始对虾苗培育水体环境进行调整。为提高虾苗的放养成活率，应采用渐进式淡化处理，根据虾苗大小每天淡化的盐度不宜超过2，温度变化不宜超过3℃，逐步将育苗水体的水质条件调整到与养殖池塘水体相近。如果育苗水体水质在短时间内调节幅度过大，容易使虾苗体质变弱，放养后的成活率会大幅降低，或造成运输途中虾苗大量死亡。

### 五、虾苗试水

不同地区池塘的土质和水质存在一定差异，要确认苗种是否适合当地池塘养殖还需进行试水试验。可以通过在池塘中架设100目筛绢（孔径为0.15毫米）做成的小网箱，将已知数量的虾苗放在网箱中暂养24小时，统计其存活率，若存活率在95%以上，说明虾苗适合该池塘养殖。或者，在拿苗前一天，带1桶养殖池塘的水到苗场，将一定数量需要购买的虾苗放入其中，在保证充足溶氧的条件下暂养24小时，第二天对虾苗的存活率、活力情况等进行观察统计，能满足要求即表明受试虾苗适合该池塘养殖。

# 第四章
# 搞好饲养管理，向成本要效益

## 第一节　饲喂及养殖管理误区

### 一、饲料蛋白质含量的误区

一般认为，饲料中蛋白质含量在 20% 以上就能满足南美白对虾的生长需求，蛋白质含量越高，南美白对虾的生长速度就越快。但在养殖实践中发现，并不是蛋白质含量越高越好。

首先，蛋白质含量只是南美白对虾饲料质量评价的标准之一，仅凭蛋白质含量的高低来评价饲料的营养价值和应用效果是片面的。矿物元素、脂肪酸、维生素也是影响饲料能量水平和营养价值的重要因子，归根结底氨基酸科学配比才是评价饲料营养指标的黄金标准。相同的蛋白质水平，其氨基酸组成差别很大，利用效果也可能天差地别，如白鱼粉和血粉的蛋白质水平相同，但是消化效率差别很大。其次，肝胰腺是南美白对虾最大的消化器官和免疫器官，是消化饲料蛋白质的主要场所。蛋白质含量高的饲料尽管可以提高南美白对虾的生长速度，但是也加重了南美白对虾肝胰腺负荷，使肝胰腺超负荷工作。一旦肝胰腺呈现出亚健康状态，南美白对虾的抗逆性和抗病性就将减弱，极易受到病原的损害。

### 二、投喂量的误区

一般来讲，投喂量可以反映出池塘中南美白对虾的生物量（养殖高峰期南美白对虾的产量会随着摄食量增加而提高），因此许多养殖户认为高频次地投喂对南美白对虾养殖有利无弊。实践证明，过高投喂量有以下弊端：首先，过高投喂量会使南美白对虾肝胰腺的负担加重，南美白对虾会处在一种"亚健康"状态，抗逆性下降，一旦出现病原侵袭或是恶劣天气，南美白对虾极易发生病害和应激反应，养殖风险增加；其次，过高投喂量会加重水体的负担，从而威胁南美白对虾生长，养殖过程中饲料仅有30%被南美白对虾转化为自身物质，大量剩余营养元素通过排泄和饲料碎屑进入水体；最后，过高投喂量会影响水体的微生物群落和浮游生物群落结构，使条件致病菌数量增加，池塘底质中有机质含量增多，继而导致水质和底质环境恶化。

### 三、利用天然饵料的误区

春天池塘中天然饵料比较多，养殖户在放养密度比较低的情况下，仅依靠天然饵料维持对虾苗种的生长而不投喂饲料，这种做法也存在一定的局限性。在露天养殖低密度模式下，由于微藻及桡足类的生长，形成较为丰富的自然饵类，在放苗后的前期可以不去投喂。但在精养殖模式下，苗种密度增加，需要更多的天然饵料，自然水环境中的饵料已经不能满足南美白对虾的生长需要，导致虾苗长期处于缺料饥饿状态，迫使虾苗摄食池底死亡藻类。这样易造成南美白对虾营养不良，体质虚弱，抗病力减弱。摄食死亡藻类，接触底泥，易造成南美白对虾消化系统继发性细菌感染，继而停食空胃，脱壳趴边死。

### 四、投喂时间的误区

一般来讲，南美白对虾在夜间摄食率较高，因此许多养殖者选择在夜间增加投喂量，但这种做法弊大于利。首先，夜间水中的溶氧值较低，南美白对虾在摄食过程中需要消耗大量的溶氧，夜间的溶氧量无法满足其摄食行为正常进行。其次，水体中微藻及有机物也大量消耗溶氧，使水中的溶氧量进一步降低，导致南美白对虾缺氧甚至浮头死亡。此外，底质在缺氧后，造成硫化氢、亚硝酸盐等有毒有害物质的产生，进一步恶化底质。

## 第二节　南美白对虾的饲料

### 一、南美白对虾的营养需求

南美白对虾需要各种营养元素来维持机体生长发育、抵抗病害及适应环境。南美白对虾的营养需求主要包括蛋白质、脂肪、碳水化合物、矿物质、维生素等（表4-1）。因此，营养全面的饲料对南美白对虾至关重要。

表4-1　南美白对虾的一些营养元素需求量

| 营 养 元 素 | 需 求 量 |
|---|---|
| 粗蛋白质 | 28%～32% |
| 粗脂肪 | 3%～8% |
| 水分 | ≤11% |
| 灰分 | ≤15% |
| 粗纤维 | ≤5% |
| 钙 | 非必需 |
| 磷 | 0.35%（当钙为0时） |
| 磷 | 0.5%～1%（当钙为1%时） |
| 磷 | 1%～2%（当钙为2%时） |
| 铜 | 32毫克/升 |
| 镁 | 0.12% |
| 维生素E | 99毫克/千克 |
| 维生素C | 90～120毫克/千克 |
| 吡哆醇 | 80～100毫克/千克 |

### 1. 蛋白质

南美白对虾属于杂食性对虾品种，相比于中国对虾、日本对虾对蛋白质量的需求要低。南美白对虾饲料中蛋白质水平最适范围为28%～32%，一般来讲，对虾苗种阶段对蛋白质需求量较高。

饲料中蛋白质的氨基酸组成比例越接近虾体蛋白质的氨基酸组成，越容易被虾体充分利用，其营养价值就越高。

【提示】

目前我国进口鱼粉分红鱼粉和白鱼粉两大类（彩图10）。其中，红鱼粉占我国进口鱼粉总量的90%~95%。红鱼粉的级别主要分为（从低档到高档排序）普通级、泰国级、日本级（优级）、超级（超优级/特级）等几类。不同级别主要是在质量和成分指标上的差异。

**2. 糖类**

糖类作为机体三大营养素之一，对动物生长有着重要意义，不仅为南美白对虾代谢提供所需能量，还起到节约蛋白质、促进生长的作用。南美白对虾对糖类的利用率较低，对糖类的需要量低于鱼类。目前，饲料中添加有蔗糖、淀粉、β-葡聚糖、低聚木糖等。

饲料中不宜添加葡萄糖作为糖源，一般添加淀粉作为糖源。目前，越来越多的多糖被应用到饲料中，如多肽糖能增加南美白对虾的抵抗力，并有助于生长，提高饵料的利用率。β-葡聚糖与硒、维生素E联合添加到饲料中能一定程度提高南美白对虾生长速度，提高饲料利用率，并能提高南美白对虾的免疫力。饲料中添加低聚木糖也可以促进南美白对虾的生长，增强免疫力，提高饲料利用率。

**3. 脂类**

脂类除了氧化供能以外，更重要的作用是提供必需脂肪酸。必需脂肪酸作为细胞膜磷脂的前体，对鱼虾体内必需脂肪酸组成、生长、成活及饲料效率等有重要影响。饲料行业中南美白对虾饲料中粗脂肪含量一般大于3%，建议以6%~7.5%为宜。脂肪酸分为饱和脂肪酸和不饱和脂肪酸，有几种不饱和脂肪酸在南美白对虾体内不能合成，必须从食物中摄取，这些不饱和脂肪酸称为必需脂肪酸，主要包括：亚油酸、亚麻酸、二十碳五烯酸和二十二碳六烯酸。另外，南美白对虾饲料中还需要添加磷脂和胆固醇，添加量都以1%左右为宜。

**4. 微量元素**

南美白对虾需要的微量元素主要有：钙、磷、铜、镁等。钙、磷是南美白对虾虾壳的主要成分，又是重要的生物活性物质，钙离子参与血凝过程，激活钙 ATP 酶，维持神经肌肉的兴奋性；磷以磷酸根形式参与许多物质的代谢过程，还与遗传密码及生殖有密切的关系。如果钙、磷缺乏或过量均会影响到虾体内钙、磷含量，从而进一步影响到体内的物质代谢过程和生长。镁离子作为酶和新陈代谢反应的辅助因子，在脂肪、蛋白质和碳水化合物的正常代谢等方面也起着重要作用。

南美白对虾主要有两种途径吸收矿物质等微量元素，第一种可以通过鳃膜渗透，第二种可以通过消化道吸收。南美白对虾蜕壳过程中会损失大量的矿物质，因此在南美白对虾养殖中，饲料中必需添加各种矿物质，以满足南美白对虾在新陈代谢过程中所需的矿物质。在饲料缺乏微量元素或不足时，南美白对虾会出现各种缺乏症状。

【提示】

　　南美白对虾生长蜕壳需要吸收微量元素，在交换水较少或零交换水的养殖水体中，随着南美白对虾生长吸收，水体中钙、镁等微量元素含量降低，需不定期向水体补充微量元素。

**5. 维生素**

维生素在南美白对虾代谢中是必不可少的有机化合物，只有极少数的维生素可以在南美白对虾体内合成，所以必须从食物中获取补充。饲料中缺乏维生素会导致南美白对虾生长缓慢，产生维生素缺乏症。例如，维生素 C 和维生素 E 具有一定的抗氧化作用，南美白对虾摄入一定量的维生素 C 和维生素 E 可以增强免疫力。南美白对虾对维生素 E 的需求量约为 99 毫克/千克，维生素 C 的需求量为 90～120 毫克/千克。

**二、饲料种类**

**1. 生物饵料**

（1）微藻　微藻是一群体型微小（2～30 微米）、能进行光合作用的低等植物总称，包括真核和原核两个大类，分为蓝藻门（蓝细菌）、绿藻门、红藻门、金藻门、硅藻门等多个门类。用于南美白对虾苗种繁育和幼虾养殖的微藻有硅藻、金藻和绿藻，如牟氏角毛藻、中肋骨条藻、湛江等边金藻、扁藻等。

小球藻是养殖户熟悉的微藻种，适应能力强，分布广，生长速度快，生物量大，蛋白质含量高（50%以上），是优良的蛋白质来源（彩图11）。小球藻能够明显促进南美白对虾的生长，显著提高南美白对虾免疫力，明显降低南美白对虾的死亡率，从而明显提高南美白对虾的存活率。在基础饲料中添加0.5%、1%或2%的小球藻来饲喂南美白对虾幼虾，都取得不错的效果。

（2）丰年虫　目前，南美白对虾产业应用的鲜活饵料主要是丰年虫（彩图12），用于育苗及苗种标粗阶段。用丰年虫作为生物饵料投喂南美白对虾苗可以维持85.11%以上的成活率。

丰年虫的孵化水温为30～32℃，孵化盐度为25，孵化时间为24小时，孵化密度为2.5克/升。每天用100目滤布搓洗麦糠，收集饱含麦糠微粒的滤液作为丰年虫饵料。每天用80目捞网（孔径为0.18毫米）捞取丰年虫投喂南美白对虾虾苗。

（3）沙蚕　沙蚕组织内含有67.43%的氨基酸、14.24%的脂肪酸，其中EPA（二十碳五烯酸）含量为6.53%，谷氨酸含量为10.29%，此外还含有大量的锌、碘、硒及纤溶酶等（彩图13）。沙蚕可用于亲虾产卵期间的营养强化，沙蚕的投喂量占到日投喂量的30%以上，可以使雌虾产卵量增加1倍。

**2. 配合饲料**

配合饲料是按科学配方把多种不同原料以一定比例均匀混合，并按规定的工艺流程生产的饲料。配合饲料营养平衡，能够提高动物吸收利用率；饲用安全，能有效预防各种缺乏症；机械化生产，有利于大规模饲养并且降低成本。

饲料原料传统上被划分为蛋白源、能量源、脂肪酸、维生素和微量元素等。主要的蛋白源有：鱼粉、大豆粕（饼）、肉粉或肉骨粉。补充蛋白源有：玉米、蛋白粉、棉籽粕等。主要的能量源包括植物油、玉米、高粱、小麦及其副产物等。维生素和微量元素可以分开添加，也可以制成复合的预混料。配合饲料成本一般占到饵料成本的90%以上。

### 3. 发酵饲料

发酵饲料主要以植物性产品为生产原料，利用复合微生物的发酵性形成具有高营养、高含量活菌的生物饲料。发酵饲料在畜禽养殖中的应用颇为成熟，但在水产养殖中的应用起步较晚。

发酵饲料具有解毒脱毒的功效，极大提高了饲料的安全性，并且在发酵过程中会有淡淡的香味，动物能更好地进食。同时在发酵过程中还会产生有机酸、维生素等未知因子，增加发酵饲料的营养及消化吸收率，能增强养殖动物的抵抗力，同时也能有效降低饲料成本。另外，在普通颗粒饲料中添加有益菌，在合理的温度条件下经一定发酵后也可取得较好的养殖效果。使用发酵饲料，南美白对虾采食量可比普通饲料增加 12% ~ 16%，全程使用可将饲料系数降低 0.1 ~ 0.2。其次，发酵饲料可减少残饵的污染，并能提高虾体对饲料的消化吸收率，减少粪便对水质的污染。

目前，南美白对虾发酵饲料还没有成熟商品化，还未建立完善的微生物发酵饲料评价体系。发酵过程难掌握，发酵品质不稳定。由于大部分养殖户缺乏微生物学专业知识和无菌操作培训，发酵过程中易发生杂菌污染，发酵程度过低或过高。

### 4. 微粒饲料

微粒饲料是供水产动物幼苗培育的新型配合饲料（图 4-1），饲料颗粒小，高蛋白低糖，脂肪含量小（10% ~ 12%），能充分满足幼苗的营养需要，且易被消化吸收。微型饲料可作为轮虫、枝角类等动物性活体饵料的代用品。

在鱼虾育苗过程中，轮虫是常用的饵料生物，但轮虫的微量营养成分如维生素 A 和矿物质锰、硒等的含量处于较低的水平。另外，培育轮虫、藻类，水体占用量大，需要大量的设施，生产建设投入大，且很难高产稳产。藻类的培育易受天气影响。轮虫虽能大量培育，但在规范化和稳定性方面达不到工厂化育苗的要求。桡足类繁殖速率低，高密度人工培育技术不成熟，主要从天然海区捕获，产量没有保证。轮虫、卤虫、桡足类等不仅为对虾白斑综合征病毒的敏感宿主，而且是对虾白斑综合征病毒传播的媒介生物，南美白对虾会因摄食增加感染此病毒的风险。在部分育苗场，卤虫和桡足类投喂前用甲醛进行消毒处理，但仍不能保证其卫生安全。相比之下应用微粒饲料不仅能有效弥补生物活饵的缺点与不足，而且还能依据幼体摄食习性和不同生长阶段的营养特点，采用不同的饲料配方和加工工艺，满足各个时期的营养需求。因此，以微粒饲料进行南美白对虾苗种生产已成为行业趋势。

图4-1  微粒饲料（左）及黑虾片（右）

当前市面上对虾微粒饲料品种繁多、良莠不齐，劣质产品严重影响苗种生产。目前已开发的对虾苗种微粒饲料中以虾片的投喂效果及稳定性最好，应用也最为广泛。国内市场较多使用中国台湾、日本等地生产的虾片。

## 第三节  配合饲料的组成、鉴别与贮存

### 一、配合饲料的原料配方

配合饲料的主要原料有鱼粉、酵母粉、大豆磷脂、豆粕、虾肉粉、海藻粉、次粉、小麦面筋粉、食盐、饲料添加剂预混料等。饲料添加剂预混料是由多种饲料添加剂加上载体或稀释剂按配方制成的均匀混合物。添加剂大体可分为营养性和非营养性两类。前者包括维生素类、微量元素类、必需氨基酸类等；后者包括促生长添加物（如抗生素等）、保护性添加物（如抗氧化剂、防霉剂、抗虫剂等）、抗

病药品（如抗球虫药等，以及其他激素、酶制剂、着色剂等）。添加剂中除含上述活性成分外，也包含一定量的载体或稀释物。饲料预混剂可以补充原料的营养成分不足，增加南美白对虾免疫力，防止饲料霉变或氧化。

## 二、配合饲料的鉴别

在选择配合饲料时，应选择有明确的原料来源，较为完善的质量管理体系，并且生产稳定饲料厂家的饲料。配合饲料的优劣可以通过看、闻、尝、试等方式来进行鉴别。

### 1. 看饲料外观

品质优良的饲料外观光滑，颗粒大小均匀，色泽一致，粉渣含量少。

### 2. 闻饲料气味

品质优良的饲料能闻到鱼粉的腥味，而气味淡或是气味刺鼻的饲料则质量低劣。例如，白鱼粉和智利鱼粉的气味清香纯正，没有浓烈的鱼腥气，如果鱼腥气太过浓烈，一般是品质较差或者是应用了香味添加剂。此外，南美白对虾的视觉、嗅觉和味觉与人的感官灵敏度是有较大的差异的，甜菜碱和某些氨基酸等一些常用的南美白对虾诱食剂对人的感官是没有气味的，单凭饲料的气味来判断饲料的适口性和诱导性是不可取的。

### 3. 尝饲料味道

尝一下饲料味道，若有酸味、苦味则表明饲料发生了霉变，具有毒性。优良饲料有一股蛋白的香味，味道微甜。

### 4. 试饲料水性

取一把饲料入水浸泡 0.5 小时取出，用手捏，略有软化则较好，没有软化的原料调质工艺有问题；再浸泡 3 小时后取出，饲料颗粒形状不溃散的为好，已溃散或很难溃散的饲料，工艺上都存在不足。

### 5. 相关资质部门检测

养殖户在选择饲料产品时，可以选择每批次的部分样品送到相关机构对饲料中营养成分和安全性进行检测，可以对其营养成分进行分析。

### 三、配合饲料的贮存

饲料应保存在专门的仓库中，与生活区和其他生产工具、投入品分开保存，仓库应保持干燥、阴凉和通风。饲料贮存时间不能太长，一般以 3 个月为限，超过 3 个月维生素等物质将分解。饲料从购进后最好在 2 个月内用完，在保质期内，最早购进的饲料应最先使用。饲料不能直接堆放在水泥地或紧靠水泥墙，要放在木质货架上。堆放的饲料应离墙有一段距离，饲料堆之间也应保持一定的距离，每堆饲料一般不要超过 5 包，以保证空气流畅、温度和湿度恒定。

【提示】
　　配合饲料被投喂后，应在 1～2 小时内被摄食完毕，如果未被摄食完毕，说明投喂量过多或南美白对虾饲料诱食性欠佳。

## 第四节　科学制备与使用发酵饲料

发酵饲料是以微生物、复合酶为发酵剂，利用微生物的新陈代谢和繁殖，通过发酵将饲料原料转化为微生物菌体蛋白、生物活性小肽类氨基酸、微生物活性益生菌、复合酶制剂、有机酸为一体的生物发酵饲料。发酵饲料具有适口性较好，南美白对虾消化吸收率高，残饵对水体和底质的污染小等优点。

### 一、发酵饲料的制备

将饲料、水和发酵菌剂混匀后根据菌种的特点进行发酵，发酵完成后投喂南美白对虾，具体操作如下。

1）准备发酵原料 100 千克、水 40 千克、菌种发酵剂 0.5 千克、发酵菌粉 50 克。

2）将菌种发酵剂 0.5 千克和发酵菌粉 50 克倒入 40 千克水里，并进行搅拌，制成发酵液。

3）将制成的发酵液与 100 千克发酵原料掺在一起搅拌，用手捏成团，没有水滴方可。如果是有搅拌机的大型养殖场，可将发酵液逐步加入发酵饲料中进行搅拌。没有搅拌机的，将发酵液少量喷到发酵

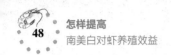
饲料上进行搅拌。

4）将配置好的搅拌料装入塑料袋、塑料桶或水缸中，密封发酵。待其散发出浓郁的酸香味时即说明饲料发酵成功。拌好的发酵料放在室内或温棚内，由于温度的差异发酵所需时间有较大差异。放在室内（15～20℃）一般需要2天（48小时）才能发酵成功，而放在塑料温棚内（25～40℃）一般1天（24小时）即可发酵成功。

## 二、发酵饲料的使用

就不同模式而言，发酵饲料的使用存在一定区别，投喂量与投喂次数具有差异。

（1）温棚模式　养殖前期每天1次，占日投饵量的50%；养殖中期每天1次，占日投饵量的30%；养殖后期每天1次，占日投饵量的20%。

（2）土池模式　养殖前期每天1次，占日投饵量的30%；养殖中期每天1次，占日投饵量的20%；养殖后期每天1次，占日投饵量的10%。

发酵饲料开封前储存在阴凉干燥处，开封后尽量一次用完，如果没有用完需将塑料桶或袋口密封好，防止杂菌进入。由于使用发酵饲料后，南美白对虾的新陈代谢更加旺盛，生长速度更快，需要更多的氧气。同时，水体中的有益菌会长期保持一定的数量，其生长繁殖、分解水体中的有机物和氨氮、亚硝酸盐等有害物质，也需要更多的氧气。所以，要开足增氧设备，使水体溶解氧保持在5毫克/升以上。如此才能更好地发挥发酵饲料的作用，特别是养殖后期，必须保证水体中的溶解氧。

## 三、有益发酵菌类

我国农业部公告第2045号批准应用于养殖动物的饲料级菌种包括地衣芽孢杆菌、枯草芽孢杆菌、两歧双歧杆菌、粪肠球菌、屎肠球菌、乳酸肠球菌、嗜酸乳杆菌、干酪乳杆菌、德式乳杆菌乳酸亚种、植物乳杆菌、乳酸片球菌、戊糖片球菌、产朊假丝酵母、酿酒酵母、沼泽红假单胞菌、婴儿双歧杆菌、长双歧杆菌、短双歧杆菌、青春双歧杆菌、嗜热链球菌、罗伊氏乳杆菌、动物双歧杆菌、黑曲霉、米曲霉、迟缓芽孢杆菌、短小芽孢杆菌、纤维二糖乳杆菌、发酵乳杆菌、德氏乳杆菌保加利亚亚种。另外还有批准应用于水产养殖动物的凝结芽孢杆菌及批准应用于对虾的侧孢短芽孢杆菌。

目前发酵菌种筛选主要有 3 个方向：一是改变饲料原料的理化性质，包括提高消化吸收率、延长贮存时间和解毒脱毒等；二是获得微生物中间代谢产物，包括酶制剂、氨基酸和维生素等；三是培养繁殖饲用的微生物体，用于制备活菌制剂。目前，常用的发酵菌主要有乳酸菌、芽孢杆菌和酵母菌。

**1. 乳酸菌**（彩图 14）

乳酸菌发酵能够产生乳酸，是动物肠道中常见的细菌。它包含有 23 个菌属，较常见的是链球菌属、双歧杆菌属和肠球菌属，这些都是发酵型的菌属。乳酸菌是在动物发酵饲料中应用最广泛也是被公认为最安全的菌种。乳酸菌发酵饲料对动物的生长发育有很大的作用，动物食用后，可以调节肠道菌群，促进营养物质的吸收和消化，降低动物体内胆固醇含量等。用其发酵生产的饲料有一定免疫活性，可以替代饲料中禁止添加的抗生素。乳酸菌在发酵过程中会产生蛋白酶和脂肪酶，使发酵饲料的适口性提高，动物采食量增加，从而创造更大的经济效益。

**2. 芽孢杆菌**（彩图 15）

芽孢杆菌能产生多种消化酶，帮助动物对营养物质的消化吸收。芽孢杆菌具有较强的蛋白酶、淀粉酶和脂肪酶活性，同时还具有降解饲料中复杂碳水化合物的酶，如果胶酶、葡聚糖酶、纤维素酶等。这些酶能够破坏植物饲料细胞的细胞壁，促使细胞的营养物质释放，并能消除饲料中的抗营养因子，减少抗营养因子对动物消化利用的障碍。芽孢杆菌还可以分解养殖水体中的有机物，将其分解后以二氧化碳形式释放到空气中，并且二氧化碳的积累对浮游植物的生长起到促进作用。

**3. 酵母菌**（彩图 16）

酵母菌是一种单细胞、非菌丝型真菌，其种类丰富，可以在有氧或无氧的环境条件下生存，属于兼性厌氧菌，广泛分布在自然界中。酵母菌细胞内含有丰富的蛋白质、B 族维生素、脂肪、糖、酶等多种

营养物质成分和某些促生长因子，同时还可以在较低 pH 条件下进行培养，回收率高，不易被污染，是一种优良的饲料添加剂。

目前，来自海洋的酵母菌越来越受到关注，在对虾养殖业有极大的应用前景。

1）海洋酵母菌营养全面，适口性好，安全无副作用，富含活性成分，能够显著提高幼苗成活率，提高饲料利用率，增强免疫力，净化水体，是理想的饲料添加剂和健康的微生物制剂。

2）海洋酵母菌细胞干重的 25% 是细胞壁，其中的主要活性成分葡聚糖和甘露寡糖具有增强细胞免疫、抑制有害菌生长的作用。

3）海洋酵母菌是海洋环境中的清洁工，可以快速高效地利用养殖水体中的有机物、氨氮、硫化氢、亚硝酸盐等有害成分，净化效果显著且持久。

4）海洋酵母菌可以改善水体中浮游动物和浮游植物的生物量，防止水体过肥。研究报道，投喂海洋红酵母可以显著提高南美白对虾的特定生长率和日增重，以及过氧化酶、超氧化物歧化酶、谷胱甘肽过氧化物酶、总抗氧化能力的活性。

5）饲料中添加海洋酵母菌能够显著提高南美白对虾肝胰脏中蛋白酶和脂肪酶的活性，能够显著减少其消化道内弧菌密度和比例，改善消化道菌群结构。

【提示】

　　水产用有益菌可分为耗氧和厌氧两大类，因此不同菌种的发酵和扩繁方式也不同。此外，无菌操作在微生物扩繁时特别重要，杂菌污染会导致发酵失败并侵害对虾。

## 第五节　科学使用饲料添加剂

### 一、氨基酸类

动物机体的蛋白质是由各种不同氨基酸组成的。南美白对虾的必需氨基酸有 10 种，缺乏任何一种，都会限制蛋白质中其他氨基酸的利用，其中尤以赖氨酸、蛋氨酸和色氨酸最容易缺乏，故又称这些氨基酸为限制性氨基酸。有些必需氮基酸在体内不能合成或合成少。

## 二、维生素类

维生素类有维生素 A、D、E、K、$B_1$、$B_2$、$B_3$、$B_5$、$B_6$、$B_{11}$、$B_{12}$，以及氯化胆碱和生物素。前 4 种属于脂溶性维生素，后 9 种属于水溶性维生素。由于某些维生素很不稳定，在光、热等条件下很快被破坏，所以，必须采取特殊加工或包装。为了使用方便，维生素添加剂常采用复合配方，如维他胖、泰德维他、华罗多维等多维素复方制剂。

## 三、矿物元素类

矿物元素类由钙、磷、铁、铜、锌、锰、钴、碘、硒等元素组成。它能调节南美白对虾机体生化平衡，增强代谢功能，刺激生长，促进发育，提高抵抗力和饲料利用率。

## 四、抗氧化剂

在配合饲料中添加抗氧化剂，能防止饲料变质，延长饲料保存时间。乙氧基喹啉（又称山道喹）、丁羟甲苯等抗氧化剂添加在饲料中的量一般为 0.01%~0.05%。

## 五、糖类

饲料中添加的糖类物质主要为单糖、寡糖和多糖。单糖主要是葡萄糖，在南美白对虾饲料中添加葡萄糖对南美白对虾的生长发育没有明显的促进作用。寡糖是由 2~10 个单糖通过糖苷键连接形成的直链或支链低度聚合糖类的总称。南美白对虾不能直接利用寡糖，但可通过寡糖促进有益微生物繁殖，特别是双歧杆菌的增殖，从而提高动物的健康水平和免疫能力。寡糖也被称为"化学益生素"或者"益生元"。

多糖不仅参与组织细胞骨架的构成，而且是多种内源性生物活性分子的重要组成成分。多糖作为饲料添加剂具有良好的活性，能提高机体的免疫力，具有抗菌、抗病毒、抗寄生虫、改善动物生产性能、低毒和低耐药性等特点，具有广阔的应用前景。多糖按照来源可分为植物多糖、微生物多糖和动物多糖。

## 六、酶制剂类

酶是由活细胞产生的具有消化作用的蛋白质。根据动物自身能否分泌产生可将饲用酶分为消化酶和非消化酶。消化酶是指动物自身能分泌的蛋白酶、淀粉酶、脂肪酶等；非消化酶是指动物自身不能分泌的酶，这些酶能消化分解动物自身不能消化的饲料成分，主要包括木聚糖酶、β-葡聚糖酶、β-甘露聚糖酶、纤维素酶、果胶酶和植酸酶。在日常饲喂过程中，复合酶制剂能在动物消化道环境中将饲料中的蛋白质、淀粉、纤维素、果胶等成分降解，形成易被动物机体吸收的营养物质，从而提高饲料的消化利用率。

## 七、其他类

### 1. 有机酸类

饲料中添加有机酸能够降低饲料的 pH，改善消化道菌群结构，螯合矿物元素，直接参与体内代谢过程。

在南美白对虾饲料中添加 0.2%~0.3% 的柠檬酸可改善其生长性能，增强对弧菌感染的抵抗能力，提高肠道消化酶活性。饲料中添加 0.25%~3.00% 的丁酸钠能显著提高南美白对虾增重率与特定生长率。

### 2. 中草药提取物

杜仲是名贵滋补药材，主要以皮入药，种质资源稀缺。饵料中添加杜仲叶提取物能有效提高南美白对虾的生长性能和免疫酶活性，并增加肝胰腺中具分泌功能的消化酶细胞，具有替代抗生素的潜能，实际生产中的最适添加量为 0.3 克/千克。黄芪、黄连活性提取物单独及混合作用均可显著提高南美白对虾肝胰腺和血淋巴中的酶活性，混合作用可以显著提高南美白对虾各组织的抗氧化水平。红景天为景天科多年生草本或亚灌木植物，能够有效增强机体抵御多种胁迫的能力。红景天提取物的抗氧化和抗应激功效十分明显，研究表明，红景天提取物比维生素 C 具有更强的清除活性氧自由基的能力。红景天提取物能够有效缓解胁迫初期南美白对虾抗氧化指标的剧烈改变，明显提高胁迫后期机体的抗氧化系统功能，具有成为抗应激饲料添加剂的潜力。

## 第六节　做好南美白对虾的饲料投喂与管理

### 一、不同养殖时期饲料的选择

在不同的生长阶段，南美白对虾的口器大小不同，具有不同的营养需求。因此，为了满足南美白对虾的摄食能力和生长需求，南美白对虾人工配合饲料通常分为0号、1号、2号、3号4种型号（表4-2）。养殖过程中通常按照南美白对虾的个体规格来选择饲料型号，体长1~2.5厘米选择0号饲料，体长2.5~4.5厘米选择1号饲料，体长4.5~7.0厘米选择2号饲料，体长7.0厘米以上选择3号饲料。

表4-2　南美白对虾饲料投喂参考值

| 饲料型号 | 粒径/毫米 | 粒长/毫米 | 体长/厘米 | 体重/克 | 日投喂量占虾体重量百分比（%） | 日投喂频率 |
|---|---|---|---|---|---|---|
| 幼虾0号 | <0.6 | <1.5 | 1.0~2.5 | 0.015~<0.2 | 7~12 | 3 |
| 幼虾1号 | 0.6~<1.2 | 1.5~2.5 | 2.5~<4.5 | 0.2~<1.2 | 7~10 | 3 |
| 幼虾2号 | 1.2~<1.8 | 2.5~<4.5 | 4.5~<7.0 | 1.2~<4.4 | 3~7 | 3~3 |
| 中虾3号 | 1.8~<2.4 | 4.5~<7.5 | 7.0~<9.5 | 4.4~<10.9 | 2~5 | 3~4 |

### 二、对虾投喂次数和投喂量

#### 1. 投喂次数

南美白对虾有连续摄食的特点，每天有两个摄食高峰，分别在3:00~6:00和18:00~21:00。根据虾的生长发育适当增加投喂次数可提高饵料利用率，在早期一般每天投喂3~6次，5:00开始第一次投喂，之后每3~4小时投喂1次；考虑虾的活动规律，上午或傍晚适当多喂，另外晚上投喂考虑池塘溶氧，在高密度养殖模式条件下，应适当少量多次投喂。

#### 2. 投喂量

南美白对虾投喂量应根据天气、成活率、健康状况、水质环境、蜕壳情况、用药情况、生物饵料量等因素进行调整。一般来讲，虾苗

刚下池时投喂量每20万尾苗1千克左右。随着虾体的长大，可按在池虾体重确定日投饵量，可参考以下比例数据：幼虾（3克以下）7%~9%；中虾（3~6克）5%~7%；成虾（6克以上）3%~5%。要经常检查饵料台的摄食情况（图4-2），及时调整饵料投喂量。

图4-2 饵料台

通常投喂量随生长阶段进行调整，一般为7~10天需要调整1次。调整的方法为：在虾池四周设2~3个饵料台，按上述估算的量投喂后符合以下两个条件证明投饵适宜，若不符合应及时调整投喂量，一是投料后50~60分钟饵料台无剩余饵料，二是70%~80%的虾达到胃饱满。在养殖过程中若投饵不足，则会使虾生长速度减慢，蜕壳间隔时间延长，虾因营养不足体质下降，易感染疾病死亡；也会导致虾个体差异加大，大小不均，影响产量。当投喂过大时，则会浪费饲料，增大饵料系数的同时也会增加水体的负担。

【提示】

饵料台应该设置在池底，判定饲料投喂量的同时，也可以粗略反映出底质的情况，如饵料台上的饲料在较短时间内被南美白对虾吃完但池底有饵料，此时应怀疑池底环境已经损坏。

### 3. 投喂原则

坚持勤投、少喂的原则，虾苗的体重在 3 克以内时，日投喂 4 ~ 5 次，体重在 3 克以上时，每天投喂 3 次；傍晚和清晨多喂，烈日条件下少喂，晚上投喂不宜过多，夜间池塘溶氧水平低，过多投喂容易引起南美白对虾"浮头"。饵料投喂 1.5 小时后，若空胃率高（超过30%）应适当多喂。水温适宜时（23 ~ 33℃），南美白对虾摄食量随之增加，此时可酌量增加投饵量，但此水温条件下也容易造成病害多发，应随时观察南美白对虾体色和摄食情况，水温高于 33℃ 或低于17℃时应少投或不投。

池内竞争对象多时适当多喂，例如鱼虾混养池塘。水质良好时多喂，水质恶劣时少喂。池塘底质生产力高，能大量繁殖底栖藻类及浮游动物时，可以减少人工饵料的投入。若底质天然生产力低，则要增加人工饵料量。南美白对虾蜕壳前摄食量开始减少，蜕壳当天会停止摄食，蜕壳后摄食量大增。因此，必须随时观察其蜕壳情况而增减投饵量。

【提示】

　　若有虾病发生，亦应减少投饵量。发生病害时，南美白对虾处于一种胁迫状态，不宜过多摄食，此时应该减料甚至停料，直至南美白对虾恢复正常。鱼虾混养池塘的南美白对虾发病时，可以只投喂鱼料，不投喂虾料。

# 第五章
# 科学调控南美白对虾养殖水环境，向环境要效益

## 第一节　水质调控的误区

### 一、水质因子的理解误区

有部分养殖者认为，南美白对虾养殖仅仅是投喂饲料而已，水质理化因子并不重要，只要虾能摄食，不发病就可以。从养殖的实际情况来看，大部分养殖失败的原因首先是对水质因子认识严重不足，不了解各个水质因子的作用及其影响，也不清楚调控水质的方法，最终导致了南美白对虾养殖失败。水质是影响南美白对虾养殖的重要因子，其中 pH、盐度、总碱度、总硬度、钙、镁、钾、钠等因素都是影响南美白对虾生长的重要指标。如淡水或井水条件下，水体中总碱度、硬度对南美白对虾的生长具有重要影响，应该将以上两项指标作为重要指标进行监测。其次，水体中的各项指标是相互影响的，如氨态氮及亚硝酸盐等指标与水体的 pH、盐度等都具有重要的联系，合理地控制水体中的 pH、盐度则可以较好地控制有害因子的毒性。另外，水体中的微生物及微藻的生长动态与水体中的理化指标相互影响、相互作用。例如，当水体中的有益菌群及微藻具有一定的丰度时，水体中的指标在一定阶段较为理想，但细菌和微藻都会衰亡，继而导致水体理化因子恶化，甚至会产生有毒有害物质。因此，要对各项水质因子有科学的认识，并了解南美白对虾水质因子在养殖过程中的动态变化循环，并有针对性地进行调控，从而保证养殖过程中水体环境的安全性。

## 二、水质与底质的理解误区

部分养殖者认为，只要将水质维护好就行了，底质并不重要。而通常我们会发现，如果忽略了底质的调控，其水质也难以维护在合理健康的水平。首先在水环境生态中，水质与底质是相互作用、相互影响的两个生态环境。随着养殖过程的推进，水质中的残饵与粪便等会沉降至底质中，使底质恶化，亚硝酸盐及硫化氢等有害因子会上升，进而影响水质的指标。其次，底质恶化一般表现为有机物堆积，其生物耗氧量及化学耗氧量增加，继而大量消耗水体中的溶氧，导致水体中溶氧降低，对虾缺氧，甚至浮头死亡。再者，大量有害细菌首先在恶化的底质中滋生，如果控制不好底质，有害细菌则大量地从底质向水质中扩散，导致对虾发病。另外，底质表层沉积物对水质理化因子具有重要影响，因其表层沉积物与微生物、有机物大分子形成生物絮团，生物絮团可以有效地控制水体中的氨态氮、亚硝态氮及硫化氢等有害因子，还可以平稳水体中的微生物菌群。因此，在养殖过程中，在关注水质因子的同时，也需要调控好底质，从而维护好养殖环境的平衡。

# 第二节　了解养殖池塘中主要的环境因子

## 一、盐度

### 1. 盐度的定义及意义

早期定义为：在 1 千克海水中溴和碘被当量的氯置换，碳酸盐转化为氧化物，所有有机物全部氧化后所含固体的克数。单位为克/千克，符号为 S‰。盐度与氯度关系式为：S‰ = 0.030 + 1.8050 Cl‰。1969 年提出电导盐度定义，S‰ = 1.80655 Cl‰。该方法受海水成分影响，因此，1978 年提出实用盐标的概念。其定义是：在一个标准大气压下，15℃的环境温度中，海水样品与标准 KCl 溶液的电导比，符号为 $S$。在水体温度为 25℃时，其相对密度与盐度之间的换算见表 5-1。目前，沿海地区多用海水和半咸水进行养殖，半咸水盐度范围为 5 ~ 15。纯淡水养殖南美白对虾的产量较低，因此，目前纯淡水养殖南美白对虾的面积较少，且以鱼虾混养为主。

表5-1 海水相对密度与盐度换算表

| 相对密度 | 盐 度 | 相对密度 | 盐 度 | 相对密度 | 盐 度 |
|---|---|---|---|---|---|
| 1.0015 | 2 | 1.0141 | 18.44 | 1.0239 | 31.26 |
| 1.0016 | 2.03 | 1.0152 | 19.89 | 1.0244 | 31.98 |
| 1.002 | 2.56 | 1.016 | 20.97 | 1.025 | 32.74 |
| 1.003 | 3.87 | 1.0171 | 22.41 | 1.0254 | 33.26 |
| 1.004 | 5.17 | 1.0182 | 23.86 | 1.026 | 34.04 |
| 1.005 | 6.49 | 1.0185 | 24.22 | 1.0265 | 34.7 |
| 1.006 | 7.79 | 1.0195 | 25.48 | 1.0271 | 35.35 |
| 1.007 | 9.11 | 1.02 | 26.2 | 1.028 | 36.65 |
| 1.0081 | 10.42 | 1.0211 | 27.65 | 1.0285 | 37.3 |
| 1.009 | 11.73 | 1.0215 | 28.19 | 1.029 | 37.95 |
| 1.01 | 12.85 | 1.0222 | 29.09 | 1.0295 | 38.6 |
| 1.0115 | 15.01 | 1.0229 | 29.97 | 1.0305 | 39.9 |
| 1.013 | 17 | 1.0235 | 30.72 | 1.0315 | 41.2 |

当水温 $t$ 超过17.5℃时，$S$（盐度）=1305（相对密度-1）+0.3（$t$-17.5）；当水温 $t$ 低于17.5℃时：$S$（盐度）=1305（相对密度-1）-0.2（17.5-$t$）。

盐度对南美白对虾的生长具有显著的影响。南美白对虾在不同盐度下的存活率排序为：半海水组（14.8~16.2）>全海水组（29.3~30.8）>淡水组（4.2~4.9）。生长率排序为：半海水组>全海水组。体重相对生长率为：半海水组>全海水组。因此，半海水的条件最有利于南美白对虾的养殖。盐度还影响南美白对虾的呼吸系统和排泄系统。南美白对虾幼虾在盐度为5~25的环境下，耗氧率随盐度的升高而逐步升高，表明盐度在5时消耗溶氧最低。有研究表明，南美白对虾在盐度为25的环境下的氨氮排泄率显著低于低盐度10

和高盐度 40 组的南美白对虾，表明在盐度 25 时，对虾消耗的能量和营养物质最低。另外，盐度可以显著影响南美白对虾免疫力的抗逆性。南美白对虾在盐度为 15～25 的环境中抗菌活力、溶菌活力最高。当盐度急剧降低后，南美白对虾血清中一氧化氮合酶活性、酚氧化物酶活力、呼吸暴发及超氧化物歧化酶活力显著降低，对副溶血弧菌的敏感性升高，容易感染病原菌。总的来看，南美白对虾的最适盐度在 20 左右，过高或过低的盐度都会影响其生长、呼吸、免疫及抗逆性。

**2. 盐度的调节**

在养殖条件允许的条件下，南美白对虾苗种在标粗环节时可以适当添加卤水或海水晶来调节水体的盐度。这样一方面可以使虾苗的渗透压更好地适应水体环境，另一方面卤水或海水晶中具有较为全面的常量元素和微量元素，能够满足虾苗的生长需求。

**二、pH**

**1. pH 定义及意义**

pH 是氢离子浓度指数，为氢离子浓度的常用对数负值，用于表示水溶液酸碱性强弱程度。在标准温度（25℃）和压力下，pH 等于 7 的水溶液（如纯水）为中性；pH 小于 7 为酸性；pH 大于 7 为碱性。

pH 是反映水体水质状况的一个综合指标，是影响南美白对虾活动的一个重要综合因素。pH 过高或过低，都会直接危害南美白对虾，导致其生理功能紊乱，影响其生长或引起其他疾病的发生，甚至死亡。pH 为 6.5 时，放入水中的虾苗应激性较大，pH 在 7.0～9.0 范围内虾苗应激较小，成活率高。养殖南美白对虾池水适宜的 pH 范围为 7.7～8.8，最佳为 8.2 左右。当养殖水体 pH 超出上述范围，pH 越小时，水体中的硫化氢含量与毒性越大；pH 越大时，水体中氨的毒性越大。水体中的硝化作用和固氮作用都以弱碱性（pH 为 7.0～8.5）最适宜，遇到酸性或强碱性条件都会受到抑制。水中高浓度氨会对南美白对虾体内酶的催化作用和细胞膜的稳定性产生严重不良影响，破坏虾体内排泄系统和渗透平衡。酸性水体环境可使南美白对虾血液的 pH 下降，削弱其载氧能力，导致南美白对虾生理性缺氧，引起生理代谢紊乱，摄食量下降，影响其正常蜕壳与生长。若池水 pH 过高，则易腐蚀南美白对虾鳃组织，同样可以引起南美白对虾摄食量的降低，生长缓慢，持续时间长久可致虾死亡。一般情况下水体 pH 在日出后逐渐上升，至 17：00 左右达最大值，接着开始下降，直至翌日日出前至最小值，如此循环往复。pH 的日正常变化范围为 0.1～0.2，若超出此范围，说明水体有异常情况。

**2. pH 的调节方法**

**（1）养殖水体 pH 偏低**　水体 pH 偏低一般是由土质引起的，最有效的办法是用生石灰进行调节。每天上午将生石灰用水溶化后全塘泼洒，用量为 10～15 千克/亩。也可以用碳酸钠或腐殖酸钠全池泼洒，经多次操作逐步将 pH 恢复至正常为止。生石灰不但可以直接杀灭南美白对虾养殖水体中的多种病原菌，减少南美白对虾病害的发生，同时还是非常有效的水质调节剂和底质改良剂。

**（2）养殖水体 pH 偏高**　当出现以下几种情况时，养殖水体 pH 会发生偏高。

1）水体水质过肥，水色偏浓，微藻繁殖过旺，pH 变化较大。面对这种情况，有直接安全水源或配置蓄水池的养殖场可以大量更换部分养殖水体，同时，大量投放微生态制剂来抑制微藻的过度繁殖。

2）水色正常但 pH 升高多发生在养殖前期，主要是因为池塘老化，池底含氮有机物较多及水体缓冲力低。处理方法为：先泼洒乳酸菌来中和碱性物质，同时使用腐殖酸钠提高水体缓冲力。

3）蓝藻或甲藻大量繁殖，水色呈蓝色或酱油色，pH 变化较大。处理方法为：大量换水，尽量减轻蓝藻或甲藻所分泌的毒素对南美白对虾生长的影响，可全池泼洒一定量的杀藻剂，泼洒之后先使用底质改良剂，然后使用微生态制剂改良水质。

**三、溶解氧**

**1. 溶解氧的定义及意义**

溶解于水中的分子态氧称为溶解氧，通常记作 DO，其含量用每升水里氧气的毫克数表示。溶解氧的高低直接关系着养殖的南美白对虾能否存活。水中溶解氧的含量与空气中氧的分压、水的温度都有密切关系。在自然情况下，空气中的含氧量变动不大，故水温是主要的因素，水温越低，水中溶解氧的含量越高。

南美白对虾喜欢水质清新、溶解氧含量高的水体环境。南美白对虾通常潜伏在水底，对溶解氧含量的要求为 4～11 毫克/升，低于 4 毫克/升南美白对虾易浮头，溶解氧长期不足会诱发空肠、肝胰腺坏死、游塘、黑鳃等多种疾病。南美白对虾在水体溶解氧 6.8 毫克/升以上组，其存活率、生长及消化酶活力显著高于 4.2 毫克/升以下组；在低溶解条件下，死亡虾出现甲壳薄软、残食严重等现象。由此表明低溶解氧会使南美白对虾生长受到抑制、死亡率升高；而超饱和溶解氧则能够促进南美白对虾的饵料转化效率、保证其存活率。

水中溶解氧的主要来源是浮游植物的光合作用，其次是风浪作用及机械增氧。水体中溶解氧充足时，有机质在好氧细菌的作用下，以较快的速度分解，分解后的产物是硝酸盐、二氧化碳、磷酸盐等对养殖南美白对虾无害、对水生植物生长有利的物质。水体溶解氧不足时，水层或底层厌氧型细菌繁殖占优势，它们分解有机物速度较慢，且分解产物多是对南美白对虾有毒害作用的物质如硫化氢等。溶解氧不足时，水体会发生脱氮作用，亚硝酸盐、硝酸盐消失，非离子氨的浓度增大，硫酸盐还原反应产生硫化氢，同时厌氧条件加速底泥磷和氨氮的释放，减缓氧化分解作用，减慢污染物的降解，进而引起南美白对虾死亡。

**2. 溶解氧的变化特点**

精养虾塘水体中溶解氧含量昼夜变化，表现在凌晨太阳出来以前溶解氧的含量为最低值，16:00 左右达到最高值；月份变化主要表现在 7～8 月的下午表层高峰值均值大大高于 5～6 月均值。虾池中溶解氧的消耗主要有：虾的呼吸作用；浮游植物藻类的呼吸作用；塘中的浮游动、植物死亡分解耗氧；虾塘水体和底质中有机物的氧化作用耗氧等。南美白对虾自身耗氧量相对较少，而虾塘底质耗氧量则是养殖环境中溶解氧的主要影响因素，约占虾塘总耗氧量的 60%，其次是藻类耗氧约占 20%，动、植物分解耗氧占 15%，南美白对虾耗氧占 5%。

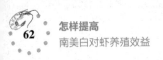
### 3. 溶解氧的调节

（1）物理和化学增氧技术

1）外塘养殖模式中开动增氧机时间应根据溶解氧的含量及养殖天数、养殖密度来确定，使池水溶解氧含量始终保持在 5 毫克/升以上。目前，在室内和外塘养殖模式中都采用了底增氧技术，可以有效地增加水体中溶解氧的含量，也可很大程度上改善底质条件。

2）利用纳米管池底增氧泵增氧是一项在养虾技术日趋成熟的过程中应运而生的池塘增氧新技术。它的工作原理主要是利用纳米技术，通过空气压缩机把空气压缩到分布在接近池塘底部的纳米管内进行充气，以达到从底部对虾塘进行增氧的效果。与传统的表面机械增氧相比，其具有增氧面积均匀、增氧层次均衡、机械耗能较少、改善底环境效果明显等优点。

3）当养殖过程中出现急性缺氧时或改底时，可以使用能够在水中产生氧气的化学制剂如过硫类或过氧化氢类增氧剂等，快速增加池塘水体中的溶解氧水平。

（2）合理安排放苗密度和投喂 应根据虾塘的深度、底质和整个生产周期的温度及其他有关条件，合理安排放苗密度。根据放苗数量和虾的大小及其他相关因子合理投喂饵料，防止残饵过多而增加耗氧量。

（3）培育浮游微藻 浮游微藻对溶解氧的影响具有两重性，在正常的日照条件下，一个浮游微藻旺盛的池塘，每立方米水体每天可产氧 10~20 克；当光合作用消失后，浮游微藻的呼吸作用会消耗溶解氧，但呼吸耗氧仅占光合作用产氧量的 20%。同时，这些浮游生物还可以吸收掉大量的氮、磷等成分，从而加大池水的自净能力。因此，通过适当增加浮游植物密度，就能大大提高养殖环境中的溶解氧含量。

【注意】

　　大量的微藻在生长旺盛期后很容易出现"倒藻"情况，水体中的溶解氧会被大量消耗，同时也有藻毒素释放，引起南美白对虾的应激，甚至出现死亡。因此，微藻密度要调控在一个合理的范围内，定期地用微生态制剂或抑制微藻生长制剂调控微藻的生长。

（4）经常加注新水或施用微生物制剂　一般情况下，海水中的溶解氧为饱和状态，海水养殖池塘通过加注新鲜海水，可将溶解氧含量较高的水带入虾塘，使虾塘溶解氧含量得到明显提高。缺少水源或注水不方便的虾塘，可采用光合细菌、芽孢杆菌等有益微生物制剂调节水质。

### 四、氨氮

#### 1. 氨氮的产生及危害

在对虾养殖过程中，经常因水环境变化如浮游微藻优势种群的突然死亡和过量投饵等原因，导致水环境中氨氮浓度突然升高，促使虾病暴发。氨氮以两种形式存在于水中，一种是氨（$NH_3$），又叫非离子氨、分子氨，脂溶性，有毒；另一种是铵 $NH_4^+$，又叫离子铵，无毒。氨是鱼虾蛋白质代谢的重要终产物，如在甲壳类动物的含氮排泄物中，氨占 40%~90%。而氨可以通过亚硝酸单胞菌的硝化作用被氧化为亚硝酸盐。池塘水体中氨的浓度过高时，导致南美白对虾体内的氨较难通过鳃膜滤透方式排泄，直接增加南美白对虾氨氮排泄负担；导致南美白对虾的血液中氨氮浓度升高，血液 pH 随之上升；导致南美白对虾体内的多种酶活性受到抑制，降低血液的输氧能力，破坏鳃表皮组织；导致氧气和废物交换不畅而窒息。

氨氮的危害有慢性和急性之分。慢性氨氮中毒危害为：南美白对虾摄食降低，生长减慢，组织损伤，降低氧在组织间的输送，损害鳃的离子交换功能，导致水体中的磷、钙等离子不易被吸收入体内，使水体生物长期处于应激状态，增加病害的易感性，降低生长速度。急性氨氮中毒危害为：南美白对虾表现为亢奋，在水中丧失平衡，抽搐，严重者甚至死亡。南美白对虾等十足目动物的氮化物排泄中，氨所占的比例为 67%~70%，氨基酸则占 10% 左右。广盐性的南美白对虾生活在较低盐度环境中，血淋巴的渗透压平衡靠离子浓度和增加氨排泄来维持，而在高盐度下血淋巴中，水的流失和离子的进入使得渗透压升高，因此调节机制必须要增加胞内游离氨基酸、主动运输排出浓度过高离子和降低氨排泄以合成氨基酸来维持体内外的平衡。另外，已有研究表明，随着氨氮浓度升高，南美白对虾的耗氧量增加，血淋巴蛋白、血蓝蛋白或氧合血蓝蛋白浓度降低。随着水环境中氨氮浓度的升高，甲壳动物血淋巴及组织中的氨氮浓度增加，氨氮的排泄减少，从而导致血淋巴 pH 升高。由此说明随着氨氮浓度的升高，南美白对虾的耗氧量升高，能量需求增加，同时因为血淋巴中氧合血蓝蛋白浓度降低和 pH 升高，降低了血液的输氧能力，导致能量供给减少和氮代谢失调。

饲料残饵、鱼虾粪便及各种生物残骸等分解后产生的氮大部分以氨的形式存在，水体缺氧时，含氮有机物、硝酸盐、亚硝酸盐在厌氧菌的作用下，发生反硝化作用产生氨。据报道，人工投饵输入虾池的氮占总输入氮的 90% 左右，其中仅有 19% 转化为虾体内的氮，其余的氮积累于虾池水体和底部淤泥中，这造成池塘水质的严重恶化。大量使用的肥料一样含有氮源，也为水中增加氨氮，因此，在池塘养殖南美白对虾 20 天后藻类需要补充营养，建议定期施用"净水分解"菌分解水中现有的有机质，以促进虾池内部的能量循环。

**2. 氨氮的调节**

养殖池塘中氨氮的产生主要由进水中原有的氨氮、饲料的残留、对虾的排泄、微藻的衰亡、池塘底质变差、南美白对虾消化系统紊乱等因素引起。因此，氨氮的调节主要从以下方面入手。

（1）对蓄水池中的水体进行充分曝气　地下水中含有氨氮，如果直接进入养殖池塘，会升高养殖池塘中的氨氮含量，随之在硝化作用下，亚硝酸盐也会随之升高。蓄水池的充分曝气处理会在很大程度上使氨氮以非离子氨的形式排出水体，从而保证进水的安全性。

（2）合理地投喂饲料，做到不残留、不饥饿　合理地掌握投喂量及投喂次数，尤其在水质或天气变化时，南美白对虾的摄食量会降低，此时应及时减少投喂量及投喂次数。

（3）监测南美白对虾的排泄和消化功能　南美白对虾的排泄产物也是水体和底质恶化的主要因素，因此需要在养殖过程中密切掌握南美白对虾的排泄和消化功能。每天至少早晚两次查看饲料台的摄食、粪便情况。若南美白对虾粪便出现黏稠或拖便情况，应及时投喂维生素、益生菌等来改善肝胰脏及肠道功能，从而保证水体中氨氮的平衡。

（4）**保持水体中微藻群落的平衡** 微藻在光合作用下会利用水体氨氮及硝酸盐等，并产生溶解氧，从而保证水体理化因子的平衡。但当水体中营养盐缺乏、浮游动物过度繁殖时，微藻平衡则会被打破。一般来讲，对虾养殖系统水体中的磷酸盐、镁或钾离子缺乏情况下，微藻会出现倒藻情况，因此应密切监测水体中营养盐的含量，定期补充藻肥。另外，当水体中的浮游动物过度繁殖时，微藻则无法生长至合理浓度，进而影响水体中氨氮的吸收。近年来，一些捕虫设备应用到对浮游动物的控制上，对保持微藻群落平衡起到明显作用。

（5）**定期地改善底质条件** 底部有机质的残留在细菌的分解下会释放出氨氮、硫化氢等有害因子，因此定期地改善底质条件可以维护水体中的氨氮水平。目前，改善底质的方法主要有化学方法和生物方法两种。化学方法主要应用过硫类制剂，既可以改善底质又可以增加水体中的溶解氧；生物方法主要应用微生态制剂，如硝化细菌、芽孢杆菌、光合细菌、乳酸菌等。

【注意】

使用微生态制剂时，应合理补充碳源，保证细菌能稳定、长效。

### 五、亚硝酸盐

#### 1. 亚硝酸盐的产生及危害

养殖水体中的亚硝酸盐是养殖代谢产物不完全硝化所产生的代谢中间产物。亚硝酸盐是强氧化剂，能降低哺乳动物氧合血红蛋白水平而导致低氧血症，使各组织缺氧。当水体溶解氧缺乏、偏酸性时，则会加重亚硝酸盐的毒性。此外在秋冬季节，池塘水温的突然变化，也会阻碍硝化细菌的作用，使亚硝酸盐的浓度增高。养殖南美白对虾的粪便、残饵及死亡藻类等含氮有机物经过异养性细菌的作用，产生大量的氨和无机氮，有毒的氨分子和无毒的铵根离子再经过亚硝化细菌的作用转化成亚硝酸盐，亚硝酸盐最终经硝化细菌作用转化为硝酸盐。硝酸盐无毒并可以直接为藻类所吸收利用，只有小部分亚硝酸盐会被藻类吸收利用。在养殖初期，池底含氮的有机物较少，池中原有的硝化细菌有能力降解所产生的亚硝酸盐。随着养殖过程中投饵量的加大，池底含氮有机物不断增多，而硝化细菌的繁殖速度很慢，大约20小时繁殖1代，并且对环境（如溶解氧含量、pH、温度）的要求较高，所以养殖中后期亚硝酸盐含量易高难降。

通过南美白对虾的呼吸作用，亚硝酸盐经鳃丝进入血液后，会使血液中运输氧气的血蓝蛋白载氧能力下降，引起组织缺氧，摄食减少，机体抗病力下降，严重时会导致南美白对虾在池底蜕壳时因亚硝酸盐中毒而死亡。

### 2. 亚硝酸盐的调节

亚硝酸盐主要由氨氮在硝化细菌的作用下产生累积在水体中。由此，调节亚硝酸盐可以从降低氨氮及降低亚硝酸盐两个角度入手。一是选用过硫类或过氧化氢类制剂，可以将亚硝酸盐氧化成硝酸盐，但很快反弹，因此要定期调节；二是施用反硝化细菌或亚硝化氧化菌，可以将亚硝酸盐转化成氮气、硝酸盐或氨氮；三是施用微生态制剂，此时需要协同使用碳源，保持水体中具有较高的碳氮比，进而保证微生物的活性。

### 六、硫化氢

#### 1. 硫化氢的产生及危害

养殖池中的沉积物、残饵、粪便及其他有机物的分解是硫化物的重要来源。硫化物包括水体中溶解性的 $H_2S$、$S_2^-$、$HS^-$ 及存在于悬浮物中的金属硫化物。硫化物以 $H_2S$ 的形式散发出来，$H_2S$ 是剧毒可溶性气体。当 pH 为 9 时，约有 99% 的硫化物呈 $HS^-$ 状态，毒性较小；当 pH 为 7 时，$HS^-$ 和 $H_2S$ 各占一半；当 pH 为 5 时，99% 的硫化物以 $H_2S$ 存在，毒性很大。硫化物一方面使南美白对虾生长缓慢，抗病能力减弱，甚至中毒死亡；另一方面消耗水中溶解氧，导致南美白对虾缺氧或窒息死亡。

#### 2. 硫化氢的调节

硫化氢主要是由底质恶化产生的，其毒性随着 pH 的降低而升高，因此处理水体中的硫化氢应从两方面入手。其一，改善池塘底质；其二，将水体中的 pH 调节到较合理的水平，如 7.5~8.5。

## 七、化学需氧量（COD）

### 1. COD 的产生及危害

COD 是指水样在一定条件下，以氧化 1 升水样中还原性物质所消耗的氧化剂的量为指标，折算成每升水样全部被氧化后，需要的氧的毫克数，以毫克/升表示。它反映了水体受还原性物质污染的程度，也作为有机物相对含量的综合指标之一。COD 与对虾病毒病的暴发流行存在着紧密相关关系，水环境中 COD 太高是诱发对虾病毒病暴发流行的主要环境因子之一。

### 2. COD 的调节

COD 的调节原则是提高水体中的氧化程度，主要为物理、化学和生物方法。物理方法主要通过增加水体及底质与氧气的接触，如增加曝气量、增加气体在水体的停留时间、利用臭氧等方式降低水体中的 COD。化学方法可以合理施用氧化剂，如过硫类氧化剂、过氧化氢等方法降低水体中的 COD。生物方法主要利用细菌来改善水体中的 COD，如芽孢杆菌、EM 菌等。

## 八、碱度

### 1. 水体的碱度及意义

液体碱度是表示其吸收质子能力的参数，代表液体的缓冲能力，即维持酸碱平衡的能力。一般来讲，水体总碱度较高的池塘在发生降雨、温度等剧烈变化时，发病率明显低于总碱度低的池塘。通常用水体中所含能与强酸定量作用的物质总量来标定，$HCO_3^-$ 和 $CO_3^{2-}$ 是主要的碱度组成部分，可用等值的 $CaCO_3$ 表示（毫克/升）。高碱度可以减少 pH 波动，对南美白对虾的生长也是有利的。在高密度养殖系统中，使用碱性化合物增加碱度及提高水体缓冲能力是十分必要的。天然海水的平均碱度为 116 毫克/升（以 $CaCO_3$ 计，下同），淡水平均碱度为 47.5 毫克/升。在甲壳类水产养殖中，碱度维持在 100 毫克/升为宜，淡水应维持在 20 毫克/升以上。有研究表明，海水养殖南美白对虾水体的总碱度在 160 毫克/升生长最好，在循环水系统中碱度维持在 100 毫克/升以上也会达到较好的养殖效果。养殖水体的碱度主要受水体中的微生物学过程、光合作用及鱼虾呼吸作用影响。养殖

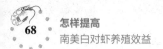

循环水系统中，随着养殖过程的发展，其碱度明显降低，是影响养殖水循环利用的重要指标之一。

**2. 碱度的调节**

针对不同养殖水质的特点，调节养殖水体碱度的常用方法是加入氢氧化钠、碳酸氢钠、碳酸钙、硫酸钙等化学品，或者更换一部分新水。长云石粉（碳酸镁钙）可以补充碱度，同时也可以补充一定的硬度，使用时需要具有一定的粉碎度。对于高碱度的水体，在保证溶解氧的前提下可施用有机肥，利用微生物分解有机肥释放二氧化碳，降低水体碱度。对于微藻大量繁殖导致的高碱度，可以采取一定的措施，降低其生物量，从而降低水体碱度。

## 九、硬度

水硬度在南美白对虾养殖中很重要。构成天然水硬度的主要是钙离子和镁离子的含量。因此，一般以钙离子和镁离子含量计算硬度。根据研究结果证实，南美白对虾在水环境中能够生存的钙离子和镁离子含量范围分别为 24.92 ~ 280.66 毫克/升和 34.5 ~ 344.9 毫克/升。育苗场出苗率较高的条件，钙离子和镁离子的含量范围分别为 170 ~ 244 毫克/升与 300 ~ 440 毫克/升。

当水体的硬度等于碱度时，水体中的碳酸盐和碳酸氢盐只是钙盐和镁盐。当硬度大于碱度时，水体中的钙盐、镁盐不仅有碳酸盐和碳酸氢盐，还有硫酸盐、盐酸盐和硝酸盐等非碳酸盐。当硬度小于碱度时，水体中的碳酸盐和碳酸氢盐不仅有钙盐和镁盐，还有钾盐和钠盐等。

**1. 硬度对南美白对虾水体的主要作用**

1）缺钙会引起动植物生长发育不良。缺镁植物细胞内的核糖核酸合成将停止，氮代谢紊乱，缺镁也会影响藻类对钙的吸收。

2）若水质总硬度在 350 ~ 500 毫克/升（以 $CaCO_3$ 计）时，水质、底质的 pH 较稳定，抗天气变化能力强，因此保护水体硬度是对抗底质老化和酸化的主要手段。

3）降低重金属的毒性。

4）水体硬度不足是导致南美白对虾发病的主要原因之一。因此，水体的硬度在养殖中非常重要，不但对有机物转化、降低有毒物质的毒性有重要作用，对藻类和对虾生长发育也具有不可替代的作用。

### 2. 硬度的调节

（1）**石灰软化法**　将生石灰加水调成石灰乳加入水中则可消除水的暂时硬度，反应为：

$$Ca(HCO_3)_2 + Ca(OH)_2 = 2CaCO_3 \downarrow + 2H_2O$$

$$Mg(HCO_3)_2 + 2Ca(OH)_2 = Mg(OH)_2 \downarrow + 2CaCO_3 \downarrow + 2H_2O$$

同时石灰乳能使镁、铁等离子从水中沉淀出来，促使胶体粒子凝聚，但此法不能使水彻底软化，它只适用于碳酸盐硬度较高而不要求高度软化的情况，也可作为其他方法的预处理阶段。

（2）**石灰纯碱软化法**　即用石灰乳和纯碱的混合液作为水的软化剂。纯碱能消除水的永久硬度，如：

$$CaCl_2 + Na_2CO_3 = CaCO_3 \downarrow + 2NaCl$$

$$MgSO_4 + Na_2CO_3 = MgCO_3 \downarrow + Na_2SO_4$$

## 第三节　掌握池塘中的主要生物因子及其调节技术

### 一、微藻

虾池浮游植物统称微藻。浮游植物是指在水中浮游生活的微小植物。微藻在南美白对虾养殖池塘中占有重要地位，具有维持池塘生态系统平衡和稳定池塘环境的功能。浮游微藻主要有绿藻、硅藻、隐藻、金藻、蓝藻和甲藻等种类。一般来说，绿藻、硅藻、隐藻和金藻的种类多为优良微藻。

微藻在种群持续稳定过程中，通过光合作用为水体提供充足的氧气，降低并消除养殖水体中的污染物和其他有害物质，保持养殖生态系统良性循环，改善水质，增强南美白对虾抗病能力。在养殖初期，优良浮游微藻能通过浮游微藻—浮游动物—南美白对虾和浮游微藻—南美白对虾的食物链，为幼虾提供优质的天然饵料，提高养殖南美白对虾的成活率。优良浮游微藻的繁殖生长，可为养殖水体营造一定的"水色"，使水体维持在一个合适的透明度，起到遮阴作用，使养殖南美白对虾安定生长，并抑制底生藻类的繁殖。

### 1. 优良水色与藻相

养殖池塘的水色是由于池塘水体中的有机物颗粒、无机物颗粒和浮游生物群落在阳光的照射下呈现出来的颜色，是衡量养殖池塘水质好坏的重要指标。好的水色有以下特性：增加溶氧，稳定水质，降毒；提高并稳定水温；抑制丝状藻、底层藻类和病菌的繁殖等。因此，保持好的水色对保持养殖池塘生态系统的稳定性，提高产量具有重要的意义。

南美白对虾养殖水体的优良水色有黄绿色、绿色和茶色，一般水体中的优势种为硅藻、绿藻。

茶色水体中硅藻一般为优势种，如菱形藻、角毛藻、三角褐指藻等。保持此种水色，南美白对虾生长快速，抗病力强。硅藻是幼虾的优良饵料，但硅藻对环境敏感，容易发生变化。

若养殖池水中浮游藻类占优势，则呈现绿色（虾农称绿豆青），是池塘养南美白对虾理想的水色，主要含绿藻，如扁藻、小球藻等。绿藻能吸收水中大量的氮肥，净化水质，藻类还能被虾利用。绿藻生长稳定，可以吸收水体中大量的氮、磷元素，净化效果明显，并且绿藻对环境的适应性很强。

若硅藻和绿藻共同占优势，水体则呈现黄绿色。该种水体中，微藻种类更加丰富，兼备了绿色水和茶色水的优点，是一种优良水色。

### 2. 不良水色及其调节措施

南美白对虾虾池常见的不良水色有墨绿色、黑褐色、酱油色、白浊色、清色和黄色。

（1）墨绿色水体　该水中主要含蓝藻、绿藻，这种水色在虾池老化后容易发生，用这种池水养殖的南美白对虾发病率较高。此种水色发生的主要原因是池水温度过分升高，虾池中有机物大量增加，导致原来以绿藻为主的池水藻相转变成以蓝藻（彩图17）为主、绿藻次之的藻相。蓝藻越多，则墨绿色越明显，最后形成黑绿色水。虾池一旦发展为此种水色，虾壳多附生丝状生物，外观不佳，生长缓慢，患病的概率增大。

【处理措施】　先换掉1/3的池水，然后施用杀藻剂，如硫酸铜、菌藻净等，杀藻后应注意充氧，最好能使用化学增氧剂如粒粒氧、增氧灵等；3~4 天后，再使用微生物调水剂如光合细菌等进行水质调节，调出良好水色。

（2）**黑褐色和酱油色水体**（彩图 18）　该水中主要含有褐藻、鞭毛藻、夜光藻、裸甲藻、多甲藻、裸藻、褐藻等。这种水色是虾池管理失常，如投喂量过多、残饵增多、底质恶化等原因造成的，形成这种水色后池虾易中毒死亡。精养虾池由于饲料投喂较多，残饵及粪便越积越多，导致溶解性及悬浮性的有机物增加，褐藻、鞭毛藻、夜光藻、裸甲藻、多甲藻大量繁殖，容易出现此种水色。另外，换水较少的虾池、底泥较多的虾池、养殖后期的虾池也常出现这种水色。此种水色的透明度一般在 15 厘米以下，当开动增氧机或向虾池充气时，可见水面有大量粘在一起的泡沫，久而不散。

【处理措施】　如果南美白对虾体质强壮，可以先使用杀藻剂处理水体，然后换掉部分底部水体，加入含有优良藻种的新水，同时使用底改剂改良底质；最后施加络合剂缓解南美白对虾应激，泼洒芽孢杆菌和适量微藻营养素，重新培育优良微藻。

若不杀藻，也可以大量换水，并泼洒大量有益微生物抑制蓝藻，调节水质。此操作可重复进行。水色基本稳定后，可施用微生物调水剂保持良好水色。

（3）**白浊色水**　主要原因是池水中含有大量的浮游动物，如轮虫、桡足类等及有机碎屑和黏土微粒。在养殖的中后期，个体小的浮游动物不能被池虾所捕食，反而影响虾的栖息，降低池塘的溶氧，使池虾极不安定，常沿池边群游，影响其生长。如果大量的纤毛虫繁殖，常导致体质较弱的虾被感染。另外，由于白浊色水还含有较多的有机物，各种细菌容易繁殖，池虾容易得病。

【处理措施】　首先应使用一些较安全的药物杀灭部分浮游动物，然后追加肥料和引入好的藻水培育水色，稳定后，可施用微生物调水剂维持良好的水色状态。

（4）**清色水**　池水澄清见底，透明度一般在 1.5 米以上，这种水色出现的主要原因是水体中含有大量残毒物质或重金属，pH 过低，无浮游生物，水体营养贫乏，或是水体消毒过度，或是池塘土质为酸性土壤，这种水色一般不能养虾。

【处理措施】 充分追肥培育浮游生物，待水色基本稳定后，施用微生物调水剂调节并保持良好水色。若是土质过酸，应先用生石灰将 pH 调至 7.0 以上再用上述方法处理。

（5）黄色水 黄色水体中主要含有金黄色鞭毛藻，原因是池塘中积存了太多的有机物，经细菌分解使池水呈酸性，这种水色不适宜养虾。

【处理措施】 施用生石灰或黏土与氟石粉进行水质调节后再使用。

**3. 培养水体藻相**

放苗前的常规做法基本是清塘消毒、进水、消毒、肥水，在消毒池水的同时，也会杀灭绝大部分藻种，破坏了已有的藻相平衡，在藻类还没有大量繁殖形成优势之前某些优势藻种已被破坏。另外，所施肥料营养结构不合理、搭配比例不当也会影响池塘中已有藻类的繁殖生长，当水体中的营养成分结构不适合已有藻类的生长，但恰好适合另外品种的藻类生长时，就出现转藻现象，如绿色水（绿藻为主）转成茶色水（硅藻为主）。当新的藻类品种大量繁殖消耗吸收水体的肥力，肥料的营养结构又不适合其生长时又会出现倒藻、转藻，有可能又变回原来的绿色水。当使用底改产品改底，或者用活菌产品分解，将有机物变成藻类可吸收利用的无机盐（如硝酸盐）时，有可能因藻类老化而无法吸收利用这些无机盐，氮循环受阻，硝酸盐又有可能转化成亚硝酸盐，而亚硝酸盐严重超标对南美白对虾的毒性很大。

因此，培养藻相时，可以先不要破坏所进天然水体的藻相结构，先用一些快速肥水产品肥好水，以便藻类大量繁殖起来形成数量优势，这时如果担心水体里有病毒细菌，可以再消毒池水，等消毒剂的药性消失殆尽后再用些长效肥及微生物活菌产品，以保持水色的稳定。这跟以前进水、消毒、肥水、放苗并没什么冲突，只是变更了一下顺序，肥好水再消毒池水，同样都是在放苗前达到消毒池水的目的。

在养殖中后期有机物增多，水体中藻相充足，很多人认为此时不应再补充营养盐去培养藻相，通常会导致藻类老化加重、产氧减少、水体自净能力变差。在此情况下，可针对性地补充水体中的营养盐，保持藻类的种类丰富度和生物量，新鲜的藻类可产生丰富的氧气，将水中有机物氧化分解成藻类可利用的无机盐，这样就形成了良性循环，水体自净能力增强，水质保持在良好的水平。

## 二、浮游动物

### 1. 浮游动物及其意义

虾池中主要的浮游动物类群是轮虫和桡足类，属于典型的滤食性动物，可大量滤食水中的单胞藻类、细菌和漂浮有机物，在调节藻相、菌相的动态平衡，减轻池塘的有机负荷和保持池塘水质稳定方面起着重要的作用。另外，浮游动物还可以成为南美白对虾的良好的适口饵料，这些浮游动物具有不饱和脂肪酸，营养价值极高，是人工饵料无法比拟的，是幼虾最优质饵料。但是大量浮游动物的存在会给南美白对虾的健康生长带来严重负面影响。浮游动物要排泄，必然会制约浮游藻类的生长而影响水质。浮游动物也要呼吸，会和养殖的南美白对虾竞争溶解氧等而影响南美白对虾的生长。

### 2. 浮游动物的调节

（1）物理方法　目前市场上已有水产专用捕虫器，通过灯光诱捕方式高效地从水体中捕获浮游动物，从而降低水体中浮游动物的数量。该方法高效且对水生动物无任何毒害，具有较强的市场应用前景。

（2）生物方法　放养一定数量的鲢鳙鱼或鲻梭鱼类，它们可以有效地摄食水体中的浮游动物。

## 三、微生物群落

### 1. 虾池中的微生物群落及其意义

细菌在虾池的物质循环和能量流动中起着巨大的作用：一方面，有益细菌分解有机质，降低虾池有机物负荷，同时为浮游植物提供大量的无机营养元素，与环境因子的变化有密不可分的关系；另一方面，病源性细菌会引起南美白对虾病害的暴发与流行。虽然病害与种质退化、天气恶劣、养殖密度高等密不可分，但通常情况下其病因常与弧菌的出现有关，弧菌数量的变化一直都是养殖南美白对虾过程中观察和控制的重中之重。

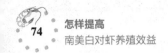
### 2. 水体菌相调节技术

目前主要使用微生态制剂来调节水体微生态。微生态制剂是根据微生态学基本原理研制的用于调节水产养殖动物机体微生态平衡及养殖水域微生物生态平衡的活性制剂。随着微生态制剂的广泛应用，微生态学理论研究也不断深入。微生态制剂与其他药物不同，从理论上讲，它优于抗生素，克服了应用抗生素所造成的菌群失调、耐药菌株的增加及药物的毒副作用。在虾塘水体使用微生态制剂，可确保有益种群处于有利条件，优势种群益生菌通过占据生态位，控制条件性致病菌的发展，从而达到在变化中保持优良环境的目的。

## 第四节　掌握池塘底质的要求及调控技术

### 一、养殖池塘底质的要求

底质的好坏与虾的摄食、生长和健康状况都密切相关，因此必须重视底质的调控，给南美白对虾创造一个良好的生存环境，以促进其生长，提高养成期的成活率。可以通过底泥的气味和颜色来判断底质的好坏：表层黄色、内层灰色、无臭味为良好池底；表层黄色、内层黑色、有臭味为中度污染池底；表层和内层均墨黑，并有恶臭味为污染池底。

### 二、底质恶化的主要表现

随着养殖南美白对虾的技术不断发展，养殖密度不断增大，投喂量也随之不断增大，过多地投喂量会增加虾塘的承载量，对养殖水环境造成危害，特别是使虾塘底质过度污染，严重地破坏了虾塘原有的生态平衡，使养殖南美白对虾长期处于高应激、高紧张状态，正常的生理功能受到侵害，出现生长缓慢、厌食、体弱、疾病不断甚至死亡。

养殖中后期，投喂饲料的不断增加，使水体中氮含量偏高而磷、钾及其他微量元素缺乏。水体氮素过剩，藻类利用不了多余的氮素，就必然产生氨氮、亚硝酸盐等。同时因为水体的氮、磷、钾等营养的不平衡，不适合已有藻类的生长繁殖，藻类老化就在所难免，水体的净化能力必然下降，水中的有机物无法及时分解掉，沉入池底，发生腐化，并产生硫化氢等有毒物质，使底质恶化。底质恶化的具体表现如下。

1）增氧机开动时产生的泡沫不易散开，或泡沫发黄、发黑，或开动时下风口可闻到稍臭的味道。

2）池角泡沫发黄、浮杂物发黑。

3）池底有泡沫上升，特别是在阳光的照射下。

4）池水水层分色。

5）缯网突然变脏、网底变黑、有胶状物。

6）池岸边的野小虾、杂蟹等比以前多。

7）向上觅食的南美白对虾多。

8）水变浓稠，风吹过水面只出现细密的水纹。

9）早晨和下午测量的 pH 基本不变，长期低于 7.3 或高于 9.0。

10）塘的上空有很多鸟盘旋。

11）虾塘高出水位几厘米处一圈发黑，有硫化氢的残迹。

12）投料时，会有虾跳；或有影子经过时，有虾跳；夜里灯照时，也会有虾跳。

13）经常看到虾有趴边的。

14）增氧机停机仅 1～2 小时，虾就出现缺氧的状态。

### 三、底质监测和改良技术

#### 1. 底质监测

在养殖过程中，特别是养殖中后期，应当定期查看池塘底质。有经验的养殖户可以通过水色、气味、泡沫等细节判断池塘底质情况。刚刚从业的养殖人员可以直接刮取池塘底泥进行查看。若底泥发黑发臭，伴有残饵，那么底质恶化严重。另外还可挖取少量底泥与少量对虾饲料混合放入饵料台上，如果对虾不正常摄食，则表明底质恶化。

#### 2. 改善底质的方法

改善底质基本策略是控制底泥厚度，控制底泥酸碱度，补充有益菌分解池塘底泥有机物含量，充分发挥池塘底泥的潜在优势。因此改

善底质的主要方法可分为物理方法、化学方法和生物方法3种。

**(1) 物理方法** 常见的物理方法有清淤晒塘、开增氧机搅动塘底、使用物理型底质改良剂、铺膜等。

1) 清淤晒塘。清淤晒塘是最常见的、最经济合理的一种降解方法（图5-1）。晒塘，通过取之不尽、免费的太阳能，让淤泥中的有机物质充分降解、充分氧化或转化。同时通过晒塘可以杀死寄生虫卵和病菌，也可以让原来非常致密的淤泥产生充满气体的微孔，让微生物有寄生处，为以后的生物降解带来环境基础。还有一些残留的抗生素，通过晒塘可以直接地分解，比如阿维菌素。有条件的养殖户每年冬季卖完鱼虾后可以进行清塘挖淤，使用挖土机将一年积累的表面淤泥推到池塘周围，然后进行晒塘等操作，效果更好。充分暴晒以后的塘底会更硬一些，不管是对对虾的生长环境，还是以后捕虾，都有好处。

图5-1 挖土机清塘

【注意】

清理底部淤泥时，不要过度清淤，应尽量保留适量厚度的淤泥，发挥底泥营养库的作用以保证池底的生产力。

2) 开增氧机。晴天中午开动增氧机1~2小时（图5-2），打破池塘水体土壤边界的阻断，增加池塘上下水层交换，让高溶解氧的上层水与低溶解氧的底层水进行充分交换，氧化底泥中的有机物。

图 5-2　增氧机

3）使用物理型底质改良剂。以沸石粉、木炭等吸附性物质为主的物理型底质改良剂能大量吸收底部中的氨等有害物质，但此法只能将有害物质进行吸收，不能从根本上解决问题。

4）铺膜。铺膜的方法是利用一些具有较好阻隔作用的材质覆盖于污染底泥上，将底泥中的污染物与水体分隔，大大减少底泥中污染物向水体释放的能力，保证水质不受污染底泥的干扰。地膜的覆盖作用可稳固污染底泥，防止其再悬浮或迁移。铺膜方法具有工艺简单、成本较低、二次污染小的特点，因而广受青睐。在国内也有一些输水工程、景观湖泊采取这种技术。

（2）化学方法　目前大部分养殖区域，尤其是老养殖区域，其外部水源富营养化，底部富营养化，在养殖的中后期，养殖水体的有机物污染已经超出了水体的净化能力。所以，在老养殖区域，化学降解是重要的手段之一。

1）使用生石灰清塘。生石灰遇水后发生化学反应，放出大量的热能，中和淤泥中的各种有机酸，改变酸性环境，从而起到除害杀菌、施肥、改善底质和水质的作用，此方法主要应用在养殖准备期，方法简单，运用较广。

2）使用化学改良剂。化学类底改产品作用于池塘底部胶质层和土壤—水体界面，可以通过增加池塘底部溶解氧来增加土壤—水体界面的通透性，以增强好氧反应；同时能提高池塘 pH，促进有机物分解和营养盐的释放来改善底质；增加底部溶解氧，促进硝化作用进度，降低池塘氨氮、亚硝酸盐和硫化氢等有害物质含量。然而该类产品虽可以迅速起到改底作用，效果明显，但容易反弹反复，不能根治。目前市场上兴起的螯合剂也是一种化学改良剂，能直接将氨氮、亚硝酸盐等进行螯合，形成螯合产物。

3）惰性化处理。有机氮、磷惰性化是利用对污染物具有钝化作用的合成物质或自然物质，使底泥中污染物惰性化（理化性质不活泼、水溶性差），使之相对稳定于底泥中，大大减少底泥中污染物向水体的释放量，达到有效截、减池塘内源污染的作用，使水体的净化负担下降。同时，有机氮、磷惰性化被认为是"经济有效的"且"生态的"底泥污染治理技术之一，适合于磷、氮等污染的底泥，也就是已经富营养化的底泥的治理。

**（3）生物方法** 生物方法改底主要原理是通过微生物介入，不断分解池塘底部有机物，从源头上阻断有毒有害物质的产生，并防止池塘底部厌氧腐化。缺点是微生物作用效果缓慢，且工艺难度大，研发成本高。

**3. 常用的底质改良剂**

1）目前市场上底质改良剂品种繁多，根据其主要成分和作用，可分为吸附型、氧化型和生物型底质改良剂。

① 吸附类底质改良剂。吸附型底质改良剂是以吸附能力较强的物质（如沸石粉、活性炭、硅藻土、膨润土等）为主要成分配制而成的，主要用于池塘环境严重恶化时的紧急处理，但其并不能彻底清除环境中的有毒物质，达到真正改良底质的作用，它们是通过物理吸附作用，将有毒物质吸附到多孔结构中，从而降低有毒物质的浓度。此外，由于水体中有毒物质被吸附于池底，水质看起来有所好转，实

际上底质的污染却加重了，一旦天气变化，池塘就会出现"转水"的现象。

② 氧化型底质改良剂。氧化型底质改良剂是以有强氧化性的物质，如过氧化钙粉、溴氯海因及过碳酸钠等作为主要成分。通过这些物质的强氧化性，一方面可将有机物氧化为无毒害作用的物质；另一方面其接触水后会产生初生态氧，提高底泥的氧化还原电位，改良底泥环境。因此，氧化型底质改良剂不仅可以去除有机污染物，而且能提高底泥的氧化还原电位。

③ 生物型底质改良剂。生物型底质改良剂多以功能微生物（如硝化细菌、芽孢杆菌、乳酸菌、光合细菌等）为主要成分，通过各类细菌的生物降解的作用，对池塘环境中的有机污染物进行降解。此种底质改良剂必须在环境中定植并增殖后才能发挥作用，因此，其显效时间较长且作用较慢，常用水质恶化前预防。

2）除上述种类型的底质改良剂外，还有以新开发成分所制成的底质改良剂。按照其作用机理及功能又可以分为缔合型底质改良剂和增氧解毒型底质改良剂。

① 缔合型底质改良剂。缔合型底质改良剂是以季磷盐为主要成分，如四羟甲基硫酸磷（THPS）。目前，我国对 THPS 的应用还处于研究阶段，但 THPS 具有高效杀灭病原菌、快速降解硫化物、毒性低、作用产物无毒环保等特性。

② 增氧解毒型底质改良剂。增氧解毒型底质改良剂是以腐殖酸钠、黄腐酸等与过硼酸钠混合，具有增氧和解毒双重功能的底质改良剂。它们可以促进藻类生长，刺激植物对氮的吸收，具有解毒、抗病毒的功能，并且能够改善底质结构，增加缓冲力，遇水放出的活性氧可以增加水体中的溶氧量。

# 第六章
# 做好疾病防治，向健康要效益

## 第一节　疾病认识与防治的误区

### 一、对疾病认识的误区

目前，市面上针对水产养殖病害防治的投入品品类齐全。很多南美白对虾养殖户认为市面上这么多药品，南美白对虾发病后只要找到病因，就能对症下药。然而，目前大多数虾类病原都无特效药，特别是对病毒性疾病和新型的病害，如急性肝胰腺坏死症弧菌、对虾肝肠胞虫等。究其原因，一方面南美白对虾发病后一般都停止摄食，常规的内服药物无法通过摄食到达体内发挥作用，并且在刺激性外用药物例如消毒剂等的刺激下，南美白对虾非常容易发生应激反应，不但不能解决问题，反而增加病情；另一方面，目前水产药物大多属于兽药，水产专属药物的研究相对滞后，大多数病害都是防重于治。因此，从购苗开始就需要对养殖池塘环境和虾体进行病原监测，发现问题提前采取预防措施，防止病情恶化。

### 二、疾病防治的误区

南美白对虾养殖过程中可能会遭受白斑综合征病毒（WSSV）和桃拉综合征病毒（TSV）等病毒性疾病的毁灭性打击。病毒病就跟人类的癌症一样，目前几乎无药可救。但随着选育无特定性病原（SPF）和抗特定性病原（SPR）的苗种，WSSV 和 TSV 病毒病对南美白对虾构成的危害大大降低，特别是对桃拉病毒近年鲜有报道。反而是近些年一些新兴的病害严重威胁南美白对虾的高效健康养殖，例如急性肝胰腺坏死症弧菌、对虾肝肠胞虫等。急性肝胰腺坏死症弧菌对南美白对虾行业的打击非常大，2012 年，该病导致泰国南美白对虾产量锐减二分之一，越南 60% 以上的养殖区域受到影响。2016 年，该病的发生导致我国华南南美白对虾养殖区的排塘率达到 90%。其病原为一类能够合成 PirA 和 PirB 毒素的副溶血性弧菌。目前有部分检测机构通过 TCBS 琼脂培养检测绿弧菌，认为有绿弧菌（副溶血性弧菌）就携带该病原。这种检测方法是不科学的，只有通过分子生物学方法检测 PirA 和 PirB 毒素基因，确认其毒力基因后才可以明确是否感染了急性肝胰腺坏死症弧菌。另外，肝肠胞虫主要影响南美白对虾的生长速度和规格整齐度，从该病的字面上很多养殖者认为这是一种寄生虫病害，可以通过一些杀虫药治疗。其实该病原在生物学分类上属于真菌，病原体主要寄生在南美白对虾肝胰腺肝管上皮细胞和肠道上皮细胞中，由于其寄生在南美白对虾细胞内，要杀死病原体需要药物破坏南美白对虾自身细胞结构。另外该病原具有非常坚硬的胞壁，普通药物很难穿透胞壁进入细胞内发挥作用。目前还没有有效的药物进行防治。因此，养殖户应加强清塘、苗种检疫和养殖管理来预防该病害的发生。

## 第二节　了解南美白对虾病害现状

近年来，南美白对虾养殖技术日趋成熟，产业不断发展壮大，但是养殖生产中病害频频暴发，严重影响养殖成功率和养殖效益。常见的病害主要有以下几大类：一是病毒性疾病，如白斑综合征病毒、桃拉综合征病毒、传染性皮下及造血组织坏死病毒、对虾虹彩病毒和野田村病毒等；二是细菌性疾病，如弧菌、气单胞菌、荧光假单胞菌、急性肝胰腺坏死症弧菌等；三是寄生虫性疾病，如附着性纤毛虫等；四是真菌性疾病，如微孢子虫病和对虾肝肠胞虫等；五是有害藻诱发的疾病，如蓝藻、甲藻等。另外还有其他原因引起的疾病，如对虾应激性红体、缺氧泛塘、白便综合征、对虾蜕壳综合征等。

目前，大多数南美白对虾病害尚无有效的治疗途径和特效药物，特别是病毒性疾病和近些年新发的病害对产业构成了极大的危害。目前，南美白对虾的病害依然以预防为主。养殖户需要充分了解南美白对虾养殖过程中常见病害的流行情况、主要症状、传播方式、危害程度和防治措施等，做好疾病的预防控制工作，发病后能早发现早处理，及时查找病因，总结经验，降低养殖风险，提高养殖成功率和养殖效益。本章针对南美白对虾养殖过程中常见病害的病原、发病症状、传播方式、诊断方法和防治措施做简单介绍。

## 第三节　防治病毒性疾病

病毒是一类超显微的非细胞生物，无细胞结构，由核酸（RNA或 DNA）和蛋白质构成，只能在活细胞内营专性寄生，靠宿主代谢系统的协助来复制核酸、合成蛋白质等组分，然后再进行装配而得以增殖，在受病毒感染的宿主细胞中往往形成包涵体，包涵体在显微镜下能看到，可以作为诊断病毒的一种简单依据。目前常见的南美白对虾病毒性疾病的病原主要包括白斑综合征病毒（White Sspot Syndrome Virus，WSSV）、桃拉综合征病毒（Taura Syndrome Virus，TSV）、传染性皮下及造血组织坏死病毒（Infectious Hypodermal and Hematopoietic Necrosis Virus，IHHNV）和近些年新发的对虾虹彩病毒（Shrimp Hemocyte Iridescent Virus，SHIV）与对虾偷死野田村病毒（Covert Mortality Nodavirus，CMNV）等。其中白斑综合征、桃拉综合征和传染性皮下及造血组织坏死已列入了国家一、二类动物疫病名录。

### 一、白斑综合征病毒病

白斑综合征病毒病是对虾的严重传染性疫病。20 世纪 90 年代初，该病首先出现于日本及我国台湾、广东、福建等地，随后扩散并遍及亚洲主要对虾养殖国家和地区，几年后蔓延到南北美洲，造成全球性的对虾养殖业损失，严重威胁着全世界对虾的养殖安全。1993年以来，白斑综合征病毒病在我国沿海养殖区流行甚广，几乎在对虾养殖区普遍发生，危害性极大，给对虾养殖造成严重打击。从全国各地对虾养殖病害的发生和发展的情况来看，以往在淡水甚至半咸水中很少发现的白斑综合征病毒病也越来越多见，造成的损失也越来越大。该病在我国大部分对虾养殖密集区均有发生，湛江地区的养殖监测显示该病基本伴随养殖全过程。发病南美白对虾小的体长 4 厘米，大的 8 厘米以上，投苗放养后的 30～60 天易发病。

**1. 病原**

白斑综合征病毒属于线头病毒科、白斑病毒属的唯一成员。该病毒不形成包涵体，病毒粒子具囊膜，外观如线团，一端露出线头，线头病毒科因此而得名。病毒粒子外观呈椭圆短杆状，横切面呈圆形，一端有一尾状凸出物，具有囊膜和独特的尾状物；病毒粒子大小为（80～120）纳米×（250～380）纳米，核衣壳大小为（356～398）纳米×（76～85）纳米。病毒在细胞核内复制和组装，核衣壳为 15 圈螺旋对称的圆柱体结构。

**2. 主要症状**

患病虾一般停止摄食，空肠空胃，行动迟钝，体弱，弹跳无力，漫游于水面或伏在池边、池底不动，很快死亡。病虾体色往往轻度变红色、暗红色或红棕色，部分虾体的体色不改变。病虾的肝胰脏肿大，颜色变浅且有糜烂现象，血凝固时间长，甚至不凝固。白斑综合征病毒病具有患病急、感染快、死亡率高、易并发细菌病等特点。在养殖生产中一般从对虾出现症状到死亡只有 3～5 天，且感染率较高，7 天左右可使池中 70% 以上的对虾患病；患病对虾死亡率可达 50% 左右，最高达 80% 以上。白斑综合征病毒病也常继发弧菌病，使得患病虾死亡更加迅速，死亡率也更高。

通常，虾发病初期在头胸甲上会有针尖样大小的白色斑点，在显微镜下可见规则的"荷叶状"或"弹着点状"斑点，可作为判断的初步依据。此时的虾依然摄食，肠胃内充满食物，头胸甲不易剥离。病情严重的虾体较软，白色斑点扩大甚至连成片状，严重者全身都有白斑，有部分对虾伴有肌肉发白，肠胃无食物，用手挤压甚至能挤出黄色液体，头胸甲与皮下组织分离，容易剥下（彩图 19）。

**3. 养殖水体环境与白斑综合征病毒病的关系**

白斑综合征病毒病的发病不仅与虾的免疫水平、病毒数量、感染方式有关，还与养殖环境密切相关，应用生态调控手段优化水体环境进行白斑综合征病毒病的防控日益受到关注。

（1）养殖水体中理化因子与白斑综合征病毒病的关系

1）温度。温度与白斑综合征病毒病的暴发具有极其密切的相关性。不同种类虾的适宜温度及其对白斑综合征病毒的易感温度存在一定的差别。南美白对虾、斑节对虾、中国明对虾、日本囊对虾对白斑综合征病毒的易感温度分别为 27℃、30℃、23℃、25℃，相差较大。这说明白斑综合征病毒有很强的温度适应性，在不同温度和虾种中都能复制繁殖。不同种类虾的易感温度虽然有所不同，但大多都是在其最适生长温度范围内。

一般对虾在其最适生长温度下摄食量增大，生长积累增加，同时也增加了经口感染的机会，而经口感染正是白斑综合征病毒病流行的主要途径。随着细胞分裂加快，体内的白斑综合征病毒也随之大量增殖，当机体内的病毒数超过一定阈值时易造成白斑综合征病毒病的暴发。白斑综合征病毒的感染和侵入虾细胞的过程都和水温相关，如在 18℃ 的低温条件下，病毒不易侵入细胞，增殖也慢，虾体虽已感染病毒，但其表观病症并未表现出来。随着温度的升高，白斑综合征病毒病的发病时间、死亡高峰也相应提前，死亡时间逐渐变短。部分研究学者提出更高的养殖水温（33℃时）能抑制白斑综合征病毒的复制，显著降低病虾的死亡率。这主要是因为，适当的热休克刺激不仅能提高南美白对虾的热耐受性，还可显著增强其对白斑综合征病毒的抵抗性。

2）盐度。盐度变化在一定程度上可引起南美白对虾免疫活性下降进而使其抵抗力降低，易受白斑综合征病毒等病原体的感染，一旦在机体内显著增殖，将导致白斑综合征病毒病从潜伏感染到急性暴发。有学者将攻毒后的中国明对虾从盐度 22 转入 14，2 小时后其体内白斑综合征病毒的量是对照组（盐度 22 不变）的近 3 倍。暴雨过后水体盐度骤降，易引起白斑综合征病毒宿主死亡。

有学者提出，海水养殖池对虾白斑综合征病毒阳性比例远高于淡水池，这可能是由于该病毒是海水初发种，在淡水中数量少且不易存活，故采用淡化养殖在一定程度上可相对减少该病害的发生。但淡化过程中应采取渐降的方式，避免盐度变化幅度过大，对虾为适应渗透压变化而耗费大量的能量以维持机体平衡，导致免疫水平下降，使病毒易感性大幅度提高。

3）溶解氧（DO）和化学耗氧量（COD）。水体中溶解氧含量过低会引起南美白对虾缺氧，诱发白斑综合征病毒病，进而导致死亡。溶解氧含量过低，使水体中有毒、有害物质含量增高，水体中的病原生物大量滋生，增大了南美白对虾病害的易感性。其次，南美白对虾的新陈代谢活动在低溶解氧条件下受到一定的抑制，抗病力降低，给病毒侵入机体创造有利条件。

水体中的化学耗氧量（COD）也是诱发南美白对虾病毒病暴发流行的主要环境因子之一。当化学耗氧量含量小于 10 毫克/升时，南美白对虾不易暴发病毒病，当化学耗氧量大于 10.2 毫克/升时，白斑综合征病毒的易感性将大幅提高。养殖过程中在强降雨或台风天气情况下，养殖池底容易被外力搅动，化学耗氧量急剧上升，此时南美白对虾极易暴发病毒病。

因此，在高温季节要特别关注虾池中的溶解氧和化学耗氧量的变动，并根据天气变化采用合理的管理措施，确保水体溶解氧处于一个相对较高的水平，控制水体化学耗氧量在合适范围并保持相对稳定，以降低对虾病害的发生概率。

4）酸碱度（pH）。一般南美白对虾较适宜弱碱性环境（pH 为 7.8 ~ 8.8），对低 pH 突变的免疫适应性较差。低 pH 会削弱南美白对虾的携氧能力，pH 向低突变时南美白对虾溶菌活力逐渐下降。如果水体环境中的 pH 变化剧烈，南美白对虾需耗费大量的能量来调节机体的 pH 平衡，这在一定程度上容易造成虾体代谢的暂时性失调或使相关组织受到损伤，令南美白对虾抗病力降低，增加白斑综合征病毒等病原的易感性。所以，养殖过程中应对水体 pH 进行监测和调节，使之稳定在南美白对虾健康生长的适宜范围内。

5）氨氮。氨氮能从水体进入南美白对虾组织液内，对其体内酶的催化能力和细胞膜的功能产生不良影响。有研究表明：当水体氨氮含量低于 0.35 毫克/升时，感染白斑综合征病毒的南美白对虾在 14 天内虽有发病但未致死；当氨氮含量高于 0.75 毫克/升时，感染的南美白对虾全部呈现明显的白斑综合征病毒病症状并死亡。随氨氮含量的升高，死亡率不断升高，且含量越高，发病越快，死亡数越大。所以，在养殖过程中应尤其注意养殖水体环境的调控，科学地综合应用物理、化学、生物及生态等技术手段，优化养殖环境，以减少氨氮等有毒、有害物质的积累，降低养殖对虾的病害易感性。

6）亚硝酸盐和硫化氢。亚硝酸盐和硫化氢对养殖南美白对虾均具有相当的毒害作用。亚硝酸盐主要影响南美白对虾血淋巴对氧的亲和性，降低机体的输氧能力，而对机体产生毒害作用。硫化氢则主要表现为急性毒性作用，能够作用于蛋白质结构中的巯基基团，抑制蛋白质的作用。亚硝酸盐和硫化氢均可严重影响南美白对虾的健康水平，使南美白对虾的抗病能力降低，从而在某种程度上加大了南美白对虾对白斑综合征病毒的易感性，所以，在养殖过程中应对其含量进行控制。

**(2) 养殖水体中细菌与白斑综合征病毒病的关系** 在养殖过程中科学使用有益菌制剂，不仅能有效净化养殖水体环境，还可在一定程度上防控病害发生，如在养殖水体中不定期施用如芽孢杆菌、乳酸菌、光合细菌和放线菌等制剂，可有效降低白斑综合征病毒病等病害的发生概率。白斑综合征病毒的感染会造成南美白对虾肠道正常菌群结构的失衡，导致患病虾肠道菌群区系紊乱，如患病虾的肠道总细菌数约为健康虾的 10 倍，但其弧菌和乳酸菌所占比例明显低于健康虾，而气单胞菌的比则显著高于健康虾。这可能是由于水体环境中菌相结构失衡，使得南美白对虾肠道内的菌群结构随之变化，其中的有害菌大幅度增加，造成机体抗病能力大幅下降，从而大大提高了白斑综合征病毒的易感性；其次，白斑综合征病毒进入虾机体后通过某种潜在机制扰乱机体的抗病屏障，使肠道中的有益菌群受到抑制，从而直接或间接地促进有害菌大幅度增殖，打破虾体内固有的菌相平衡，造成染病虾与健康虾的肠道菌群结构有所差别。可见，南美白对虾肠道正常菌群、白斑综合征病毒与机体的健康状态存在必然联系。所以，在养殖过程中可以通过施加芽孢杆菌、光合细菌、乳酸菌等有益菌制剂，净化水质，增强南美白对虾抗病力和免疫水平，减少养殖南美白对虾疾病的发生。不同的微生物种类，其生理、生态有所差别，在实际使用过程中根据微生物的特点，协同使用效果更好。

**(3) 养殖水体中微藻与白斑综合征病毒病的关系** 水体中微藻的种类和数量等与养殖南美白对虾的病害发生情况有着密切关系，尤其是赤潮生物类群，其数量与虾病程度呈正相关；微藻的多样性指数与虾病程度呈负相关，多样性指数越低，虾池富营养化程度越高，水质条件越差，越容易发生疾病。

不同的微藻对白斑综合征病毒病水平传播也有一定的影响。等鞭金藻、中肋骨条藻、小球藻、亚心形扁藻、盐藻等都能在一定时间内携带白斑综合征病毒，并通过食物链传播方式使浮游动物感染白斑综合征病毒，进而使南美白对虾幼体染毒致病。微藻对白斑综合征病毒的携带能力与其他无脊椎动物宿主有所不同，藻类主要通过其细胞外表面的特定结构携带白斑综合征病毒粒子，病毒无法进入藻类细胞内部进行有效繁殖。由于白斑综合征病毒在海水中存活时间短且感染活性受限制，当细胞外表面的白斑综合征病毒经过一定时间仍无法入侵到合适的宿主时，则在藻类表面短暂附着并死亡，所以微藻在带毒一定时间后检测的白斑综合征病毒呈阴性。然而，不同藻类所携带白斑综合征病毒呈阳性的时间不同，这也可能主要与其细胞表面特性有关。

虽然微藻表面在特定时间内可携带白斑综合征病毒，但不同种类微藻对水体中浮游白斑综合征病毒也有一定的清除效应，优良微藻还有利于提高白斑综合征病毒带毒对虾的成活率。例如，在南美白对虾低盐度养殖水体中的优势微藻—微囊藻和小球藻表面均可携带少量白斑综合征病毒，且随时间的延长而减少；而小球藻却有利于促进水体白斑综合征病毒数量的削减。也有研究发现，携带白斑综合征病毒的南美白对虾在小球藻培育水体中的成活率会显著提高。

通常养殖中后期水环境中容易形成以微囊藻、颤藻等有害蓝藻为优势的藻相，而在这种水体中带毒南美白对虾的死亡率往往会大幅度升高。这主要是由于水体中的微囊藻、颤藻等有害蓝藻能分泌毒素，产生较强的毒害作用，其中微囊藻毒素具有显著的肝脏毒性。此外，微囊藻的大量繁殖会降低虾池中微藻群落的丰富度和多样性，影响微藻的藻相组成及稳定性，诱发南美白对虾病害，并且随着微囊藻密度或优势度升高而病情加重，养殖南美白对虾成活率和生长速度随之降低。所以，在生产过程中培育优良微藻，形成良好的藻相，防止有毒、有害微藻形成生态优势，有利于养殖南美白对虾的健康生长和白斑综合征病毒病的防控。

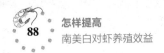
#### 4. 传播方式

白斑综合征病毒病可以通过垂直方式和水平方式在南美白对虾中传播。垂直传播主要是通过繁殖将病毒传播给子代。垂直传播对南美白对虾的危害非常大，就算携带白斑综合征病毒的虾苗早期不表现出明显症状，但随着养殖的进行在水质条件变差和南美白对虾自身抵抗力下降时，病毒极易暴发。水平传播是指养殖过程中水环境中的病毒经摄食（经口）感染、侵入感染（经鳃或虾体创伤部位侵入）等途径入侵南美白对虾机体，使健康虾进入潜伏感染或急性感染状态。一般经水平传播感染有以下几种情况。

1）健康虾摄食携带病毒的甲壳类水生动物（如杂虾、蟹等）被感染。

2）健康虾摄食携带病毒的浮游生物如卤虫（丰年虫）、桡足类、水生昆虫等被感染。

3）健康虾摄食感染了病毒的病虾、死虾。

4）水体中的浮游病毒经南美白对虾呼吸侵入鳃部或经虾体创伤部分侵入机体。

5）某个池塘的患病虾被养殖场周边的飞禽、鼠类、蟹类摄食，病毒经由它们再传播到其他原本未患病的池塘，或因养殖者管理不善将患病池塘的病原带入其他池塘，导致病原由点到面全面感染各养殖池塘的南美白对虾。

#### 5. 诊断方法

在该病严重暴发流行时，可根据其发病史、临床特征及病理特征做出初步诊断，确诊需要通过分子检测等手段进行实验室检查。

#### 6. 防治措施

白斑综合征病毒病属于一类动物疫病，该病暴发后严重危害南美白对虾，且目前暂无有效的药物能够进行治疗。因此，南美白对虾养殖过程中要对该病进行重点防控，根据白斑综合征病毒病的发病规律、传播方式和发病机理，可从以下几方面进行防控。

**（1）选择无特定病原的苗种**　苗种选择是南美白对虾养殖的重要环节之一，如果购买的苗种中携带或部分苗种携带白斑综合征病毒，无疑会大大增加养殖过程中暴发白斑综合征病毒病的风险。因此，购买苗种的时候要严格选择不携带特定病毒的虾苗。购苗时要求虾苗场出具相关证明（虾苗检疫合格证、虾苗幼体来源证明及其亲本检疫合格证明等），同时，提前到有检测资质的机构进行虾苗检测。购买未检测到特定病原的虾苗，降低病原携带的风险。

（2）**选择适宜的放养季节**  病毒病有极强的季节性特征，春夏相交、天气未稳定、寒潮多发等时节，病毒病多发。建议一般养殖户尽量避开这段时间，可先期做好准备工作，关注中长期天气预报，待天气稳定后再开始养殖生产。具备优越生产条件、良好操作技能的养殖户若要争取养殖时间差，应充分做好准备工作，降低养殖风险。

（3）**控制合理的放养密度**  根据养殖条件及管理技术水平，控制合适的放养密度。放养密度过高，不但会导致管理成本上升，还会因饲料投喂和养殖代谢产物增多造成水环境污染，致使南美白对虾易发病，得不偿失。对于南美白对虾高位池养殖的放养密度应控制在每亩10万~15万尾，土池养殖的放苗密度应控制在每亩4万~6万尾。养殖小规格商品虾的可适当提高放养密度，或计划在养殖过程中根据市场需求分批收获的也可依照生产计划适当提高放苗密度。但总体而言，高位池的放养密度最高不应超过每亩30万尾，土池不应超过每亩12万尾。

（4）**做好池塘生态环境的调控和优化**

1）池塘严格清淤消毒。在开始养殖前，池塘要做好清淤工作，彻底杀灭病原生物和池塘野杂鱼等敌害生物。

2）培养良好水相。放养虾苗前，合理施用微藻营养素和有益菌（以芽孢杆菌为主）培养优良藻相和菌相，营造良好水色和合适透明度。

3）定期改善水质。养殖过程中，每1~2周施用有益菌制剂（芽孢杆菌、乳酸菌、光合细菌），及时降解转化养殖代谢产物，削减水体富营养化，同时维持稳定的优良藻相和菌相。

4）维护藻相结构。养殖全程培育和稳定水体优良微藻藻相，避免形成以颤藻、微囊藻等有毒、有害蓝藻为优势的藻相结构。

5）保持充足溶解氧。养殖过程保持水体中的溶解氧在较高水平。

6）保证充足的干净水源。养殖过程适当换水，保持水质的新鲜度，最好使用沉淀蓄水池，水源经消毒后再使用，减少外源环境的影响和交叉感染。

（5）科学投喂饲料与营养免疫

1）选用符合南美白对虾营养需求的优质配合饲料，精准投喂。

2）加强养殖南美白对虾的营养免疫调控，适当加喂益生菌、免疫蛋白、免疫多糖、多种维生素及中草药等，增强南美白对虾的非特异性免疫功能，提高对病毒的抵抗力。

3）在病害发生期和环境突变期，少进水或不进水，加喂中草药、维生素C、大蒜等，提高南美白对虾的抗应激能力、免疫力和抗病毒能力，预防病毒病的发生和蔓延。

**（6）套养适量的鱼类防控南美白对虾病害** 根据不同地区水质情况，可在南美白对虾养殖池塘中套养适量的罗非鱼、鲻鱼、草鱼、革胡子鲶、蓝子鱼、黑鲷、黄鳍鲷、石斑鱼等杂食性或肉食性鱼类。这些鱼类摄食池塘中的有机碎屑和病、死虾，起到优化水质环境和防控病害暴发的作用。在选择套养鱼类品种时，应该充分了解当地水环境的特点，了解所拟选鱼类的生活生态习性、市场需求情况，选择合适的品种，确定鱼、虾的密度比例、放养时间和放养方式。例如，在盐度较低的养殖水体可选择罗非鱼、草鱼、革胡子鲶等，盐度较高的养殖水体可选择鲻鱼、蓝子鱼、黑鲷、黄鳍鲷、石斑鱼等。鱼的放养方式需要根据混养的目标需求而定，以摄食病、死虾和防控虾病暴发为目标的，或以清除水体中过多的有机碎屑、微藻为目标的都可选择与南美白对虾一起散养，也可用网布将鱼围养在池塘中的一个区域。

**（7）早发现、早诊断、早治疗** 做好养殖管理，经常观察养殖对虾的活动、摄食和池塘水色、微藻藻相、水质的变动状况，及早发现病情，做出诊断，及时采取措施。发现养殖南美白对虾发病死亡时，首先减少或停止投喂饲料3～5天，同时稳定良好水质和藻相，增强水体溶解氧，及时清理死虾，再逐渐恢复饲料投喂，同时进行营养免疫强化，控制病情发展和蔓延，必要时可适量使用安全高效的消毒剂进行水体消毒。

（8）严格禁止随意处理病、死虾和排放死虾池塘的养殖水体　发现养殖南美白对虾发生病害时，应及时捞出虾池内的病、死虾，运输至远离养殖区的地方，用生石灰或漂白粉消毒后掩埋处理，养殖池塘水体应进行消毒处理后再排放。治疗期间的换水、排水应做适当消毒处理；放弃养殖的池塘，应施用漂白粉彻底杀灭水体生物，停置 4～5 天后再排放，防止造成病毒的扩散，污染邻区水域，传播病害。

## 二、桃拉综合征病毒病

桃拉综合征病毒病是一种严重的传染性对虾疾病，急性期以虾体变红（虾红素增多）、软壳，过渡期以角质上皮不规则黑化为特征（彩图 20）。

### 1. 病原及症状

桃拉综合征病毒病病原体是桃拉综合征病毒（Taura syndrome virus，TSV），属于微 RNA 病毒目双顺反子病毒科成员。病毒粒子无囊膜，为二十面体，直径为 31～32 纳米，为正向单链 RNA。

病毒在宿主细胞质中复制，主要宿主为南美白对虾和细角滨对虾。南美白对虾除卵、受精卵和虾蚴外，仔虾、幼虾及成虾等各期均对该病易感。桃拉综合征病毒主要感染 14～40 日龄、体重 0.05～0.5 克的仔虾，稚虾或成虾也容易被感染。该病发病急，死亡率高。一般发病虾池自发现病虾至虾停止摄食仅需 5～7 天，10 天左右大部分虾死亡。部分虾池采取积极消毒措施后转为慢性病，逐日死亡，至养成收获时成活率一般不超过 20%。

患病虾主要表现为尾足、尾节、腹肢甚至整个虾体体表都变成红色或茶红色，有些虾体局部出现黑色斑点，这主要是患病虾的甲壳部位形成色素沉积，显微观察呈现以黑色为中心的暗红色放射性斑区。胃肠道肿胀，肝胰腺肿大、变白，摄食量明显减少或不摄食，消化道内没有食物。在水面缓慢游动，离水后活力差，不久便死亡。患病初期池边有时可发现少量病、死虾，随着病情加重死虾数量会不断增加。也有部分病虾的症状不明显，身体略显浅红色，但进行 PCR 病原检测呈阳性。一般发病池塘多表现为底质环境恶化、水质富营养化、水中氨氮及亚硝酸盐含量过高、透明度在 30 厘米以下。

### 2. 发病特点

桃拉综合征病毒病一般具有患病急、病程短、死亡率高的特点。通常早春放养的幼虾容易发生急性感染，发现 4～6 天后虾摄食量大幅减少，随后大量死亡；如果能坚持到 1～2 周，死亡虾数量渐渐有所减少，而变为慢性死亡；在池边和排污口处有时有死虾。患病幼虾死亡率可达 50% 以上，高的甚至可达到 80%～100%；成虾则相对更容易发生慢性死亡，死亡率在 40% 左右。一般发病池塘的水体溶解氧含量相对较低。

根据病程和症状，桃拉综合征病毒病可分为急性期、过渡（恢复）期和慢性期 3 个阶段。

**(1) 急性期** 虾红素增多，虾体全身呈浅红色，尾扇和游泳足呈鲜红色，因此，虾民称之为"红尾病"。显微镜下观察细小附肢的表皮，可以看到病灶处的上皮坏死。急性期主要特征为：病虾全身角质层上皮、附肢、鳃、肠道等处可见多灶性坏死。

【提示】

区分桃拉综合征病毒病的急性期和过渡期的依据是，在急性期缺乏血细胞浸润或其他明显的炎症反应。

**(2) 过渡（恢复）期** 介于急性期与慢性期之间，病程极短，以病虾角质层上皮多处出现不规则黑色斑点为特征。在过渡期，典型急性期的表皮损伤在数量和严重程度上都有所减少或降低，病灶坏死处聚集了大量血细胞及其渗出物。大量血细胞随后开始黑化，进而导致病虾角质层上皮呈现不规则的黑色斑点。

**(3) 慢性期** 成功蜕皮的病虾，从过渡期转入慢性期，一般无明显的临床症状，但对正常的环境应激（如突然降低盐度）明显不如未染病虾。有的因病毒在淋巴器官持续感染而成为终生带毒者。

### 3. 传播方式

该病主要通过健康虾摄食病虾、带病毒水源等方式水平传播，也可经海鸥等海鸟、划蝽科类水生昆虫携带病毒传播。携带病毒亲虾，也可能经垂直途径传播给后代，但目前尚无可靠证据。染病存活南美白对虾可终生带毒成为疾病传播者。

**4. 诊断方法**

初步诊断：病虾虾体全身呈浅红色，尾扇和游泳足呈鲜红色，游泳足或尾扇边缘处上皮呈灶性坏死，常死于蜕壳期间，表现为软壳、空腹等特征。急性期病虾呈现缺氧状态，常聚集塘边或水面，吸引大量的海鸟捕食。因此，海鸟在虾池上空大量聚集常可代表虾池内暴发了严重的流行病（通常是桃拉综合征或白斑综合征）。确诊仍需要通过实验室检测。

**5. 防治措施**

目前无有效治疗方法，养殖过程中以预防为主，其防控同白斑综合征病毒病的防控方法。

### 三、传染性皮下及造血组织坏死病毒病

传染性皮下及造血组织坏死病毒病是一种对虾极易感染的严重病害，属于二类动物疫病，其病原体为传染性皮下及造血组织坏死病毒（Infections Hypodermal & Haematopoietic Necrosis Virus，IHHNV）。南美白对虾感染该病毒的主要症状为对虾慢性矮小残缺综合征（Runt-Deformity Syndrome，RDS）。

**1. 病原**

IHHNV病原属单链DNA病毒基因组、细小病毒科、短浓核病毒属，又名细角对虾浓核病毒。病毒粒子呈二十面体，大小为20～22纳米，无囊膜。病毒基因组为线性单链DNA。

**2. 主要症状**

IHHNV病毒主要感染南美白对虾的鳃、表皮、前后肠上皮细胞、神经索、神经节及中胚层器官，如造血组织、触角腺、性腺、淋巴器官、结缔组织和横纹肌等。南美白对虾感染IHHNV存在一种慢性表现形式，即矮小残缺综合征（RDS）。RDS病虾生长缓慢，体型畸形，患病稚虾还出现额角弯曲、变形，触角鞭毛皱起，表皮粗糙或残缺等。虽然该病的致死率不高，但对南美白对虾的生长影响较大。经长时间养殖的对虾个体仍然较小，有的养殖100多天后，虾体规格只有4～7厘米（彩图21）。

**3. 诊断方法**

在该病严重暴发流行时，可根据其发病史、临床特征及病理特征做出初步诊断，确诊需要进行组织病理学和分子病原学检查。

**4. 传播方式**

该病主要通过带毒虾、食物链或互相残食、受污染水体而引起水平感染，其中以吃食病虾的传染性最高。带毒虾还通过垂直传播感染子代。

**5. 防治措施**

该病目前无有效的治疗方法，以预防为主，其防控同白斑综合征病毒病的防控方法。

## 四、虹彩病毒病

虹彩病毒（Shrimp Hemocyte Iridescent Virus，SHIV）是一种双链 DNA 病毒，病毒颗粒呈球形，具囊膜，病毒核衣壳为对称正二十面体，其大小为（160.2±7.0）纳米（顶点—顶点）、（142.6±4.0）纳米（面—面）。2018 年，虾虹彩病毒和虾肝肠胞虫一同被列入国家水生动物疫病监测任务。

**1. 主要症状**

该病的易感宿主有南美白对虾、中国对虾、罗氏沼虾、红螯螯虾、克氏原螯虾、青虾等。南美白对虾感染后停止摄食，空肠空胃，部分虾通体发红，甲壳颜色变浅，软壳，导致腹节分节明显，虾肝胰腺颜色变浅或发白（彩图 22）。另外，感染后也有黑足的报道。2014—2018 年，广东、浙江及山东等对虾养殖区均出现了虹彩病毒的暴发，造成一定规模的死亡。

**2. 诊断方法**

对虾感染 SHIV 后从症状上很难与其他病害区分开来，主要依靠实验室病原鉴定进行诊断。目前尚未颁布相关检测标准，检测主要参照我国农业农村部 2018 年水生动物防疫系统实验室检测规范，利用病原分子生物学方法（巢式 PCR）进行检测。

**3. 防治措施**

南美白对虾感染 SHIV 目前尚无特效药可以进行治疗，以预防为主。主要从以下方面预防。

（1）加强病原检测　尽可能不让携带病原的虾苗进入养殖过程。

（2）谨慎用药　症状发生时应及时检测水质并检测病毒，并使用一些提高免疫力的功能性药物，但不能用一些刺激性强的消毒制剂及抗生素（抗生素对对虾虹彩病毒无效）。

（3）改善水体环境　疾病发生时，应缓和改善水体环境，适当提高增氧，同时适当减少或停止投喂。

### 五、野田村病毒病

#### 1. 病原

野田村病毒（Covert Mortality Norda Virus，CMNV）属于 α-野田村病毒属，病毒基因组由两条正义单链 RNA 分子（RNA1 和 RNA2）组成。野田村病毒属于非包涵体球状病毒，粒子直径为 32.1 纳米 ±5.5 纳米，呈正二十面体对称。

#### 2. 主要症状

该病毒可以感染整个南美白对虾养殖周期的任意阶段，放苗一周开始就有出现，30~80 天死亡严重，死亡主要存在塘底，故叫作病毒性偷死。感染该病毒的南美白对虾表现出肝胰腺颜色变浅、萎缩，空肠空胃，生长缓慢等症状，很多时候还可见病虾腹节肌肉不透明或局部发白。患病虾在水温较高（28℃以上）时死亡率升高，累计死亡率可达80%。

#### 3. 传播方式

该病毒能通过染病亲体的雌性或雄性生殖细胞传递至子代，实现从亲代到子代的垂直传播，也可以通过生物或非生物与虾体间水平传播。

#### 4. 诊断方法

南美白对虾感染 CMNV 可从症状上进行初步判断，其偷死症状很难与其他病害区分开来，确诊还需要依靠实验室病原鉴定。目前尚未颁布相关检测标准，检测主要参照中国水产科学研究院黄海水产研究所的方法，进行病原 RT-PCR 检测。

#### 5. 防治措施

南美白对虾感染 CMNV 目前无特效药可进行治疗，主要以预防为主，其防治措施同对虹彩病毒病的防治方法。

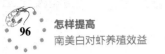

## 第四节　防治细菌性疾病

南美白对虾养殖过程中细菌感染引起的疾病最为常见。细菌从形态特征上可分为球菌、杆菌和螺旋菌，根据革兰染色特征可分为革兰阴性菌（红色）和革兰阳性菌（蓝色）两类（彩图23）。南美白对虾养殖环境中的弧菌、气单胞菌等大多数条件致病菌多属于革兰阴性菌，芽孢杆菌等有益菌多属于革兰阳性菌。通常，随着养殖生产的进行，水质富营养化程度越来越高，养殖环境恶化，弧菌等有害或条件性致病菌容易急剧增殖，这些病菌通过对虾的鳃呼吸、摄食、创伤等途径入侵对虾体内，引发南美白对虾细菌性疾病，或对携带病毒和体质较差的南美白对虾引起继发性感染。

### 一、红腿病或细菌性红体病

#### 1. 病原

能够引起南美白对虾红腿或红体的细菌种类较多，以弧菌属最为常见。其中有副溶血弧菌、鳗弧菌、溶藻弧菌、哈维弧菌等。此外，还有气单胞菌、假单胞菌等。这些细菌均为革兰阴性菌。

#### 2. 主要症状

南美白对虾感染该病最明显的外观表现为步足、游泳足、尾扇和触角等变为微红或鲜红色，其中，尤以游泳足的内外边缘最为明显（彩图24）。有时，头胸部的鳃丝也会变黄或者呈现粉红色，严重者鳃丝溃烂。病虾一般在池边缓慢游动或潜伏于岸边，行动呆滞，在水中做旋转活动或上下垂直游动，不久即出现大量死亡。

红腿病的流行范围广，在全国对虾养殖区常有发生；发病率和死亡率有时高达90%以上，是对虾养成期危害较大的一种病。其流行季节为6～10月，其中8～9月最常发生，南方可持续到11月。有些虾池发病后几天之内几乎全部死亡。越冬期的亲虾也易患此病，但一般不会发生急性大批死亡。该病的发生与池底污染和水质不良有密切的关系。

解剖可见肠空，肝脏呈浅黄色或深褐色，肌肉弹性差。病虾血淋巴混浊稀薄，血细胞减少，凝固时间变长甚至不凝固；鳃丝尖端出现空泡，心肝组织中有血细胞凝集的炎症反应。显微镜检查，在血淋巴、肝胰腺、心脏和鳃丝等器官组织内可观察到大量细菌。

**3. 传播方式**

该病为细菌性疾病，其病原广泛分布在患病虾体，游离于水体，附着在微藻等基质表面。该病主要通过水平方式传播，例如健康虾通过摄食病虾感染该病，伤残、体弱虾极易被细菌侵染患病。

**4. 诊断方法**

患病虾附肢及游泳足变红可作为该病的初步判断依据，但引起南美白对虾附肢及游泳足变红的原因很多，密度过高、缺氧、应激、水环境恶化、病毒感染等因素均可导致附肢变红。环境因素引起的附肢变红一般鳃区不变黄，水环境改善后可恢复正常。取显著红腿病虾，取血淋巴镜检，如有大量细菌可做出进一步诊断。确诊还需进行病原细菌的分离、鉴定、回感等一系列的试验，耗费的时间较长。

**5. 防治措施**

该病的病原属于细菌，相对于病毒病而言，该类病害可以通过环境的调控和使用一些抗细菌类药物进行防治。

（1）**池塘严格清淤、灭菌** 在南美白对虾养殖前，需要对池塘的淤积物进行清理，同时利用消毒类药物彻底杀灭池塘的病原微生物，防止池塘中残留的病原危害养殖生产。

（2）**确保养殖环节不引入病原** 严格把控进入养殖系统的所有环节，杜绝病原随苗种、水源、生产工具和投入品等带入养殖系统。

（3）**定期调控养殖环境** 在养殖过程中，定期关注池塘的水质和底质，恶化的水质和底质一方面使对虾处于胁迫状态，降低自身的免疫抗病能力；另一方面为病原菌的滋生和暴发提供有利条件。

（4）**合理处理发病池塘** 如果池塘出现发病，首先，根据对虾摄食情况适当减少或停止投饵，防止过量投喂增加南美白对虾消化系统的负荷，同时也避免过剩的饵料进一步恶化水质和底质；其次，适量利用温和的消毒剂进行池塘消毒，减轻病原菌进一步侵袭南美白对虾；再次，利用微生态制剂调节水体菌相，利用提高水体有益菌类的含量来控制病原菌的数量；最后，利用抗菌类的中草药或允许使用的抗生素进行投喂（建议尽量不用抗生素），同时投喂一些增强虾体抗

应激和提高虾体免疫的产品。

## 二、灰鳃/黑鳃/烂鳃病

### 1. 病原

引起南美白对虾灰鳃、黑鳃、烂鳃症状的病原主要有细菌、寄生虫和丝状藻类。镜检可见大量细菌（主要有弧菌、假单胞菌和气单胞菌等）、寄生虫（如聚缩虫等纤毛虫）和丝状藻类等异物，其中细菌最为常见。

### 2. 主要症状

患该病的南美白对虾病程一般经灰鳃、黑鳃至烂鳃。在发病初期，病虾的鳃丝局部或全部变灰黄（灰鳃），随病情发展，鳃丝颜色进一步加深变黑（黑鳃），并最终发展为烂鳃（彩图25）。烂鳃期的病虾鳃丝肿胀、变脆，鳃丝从尖端开始溃烂，溃烂坏死的鳃丝发白并出现皱缩或脱落，鳃的呼吸功能严重受损甚至丧失。南美白对虾因缺氧而浮于水面或卧于池边，游动缓慢，反应迟钝，摄食下降甚至停止摄食，最后因缺氧而死。一般在水环境恶化时该病较为多见，在水质良好的养殖水体中该病较少发。

该病的病因较多，可通过显微镜等简单的鉴别技术和鉴别工具进行鉴定，细菌引起该病的传播方式、诊断方法和防治措施可参照对虾红腿病。

## 三、烂眼病

### 1. 病原

南美白对虾养成期烂眼病病原曾报道过非O1群霍乱弧菌。菌体为短杆状，大小为（0.5～0.8）微米×（1.5～3.0）微米，单个，有时数个菌体连成S形，极生单鞭毛，能运动，革兰染色呈阴性。越冬亲虾烂眼病曾报道过细菌病原和真菌病原。

### 2. 主要症状

该病主要发生于南美白对虾养成期，如温度较高的7～10月，以8月发病最为常见。病虾伏于水草或池边，不时浮于水面做无方向性狂游，或于水面旋转翻滚。南美白对虾患病后的眼球病变过程如下：发病初期眼球肿胀，颜色逐渐由黑变褐，并进一步发展为眼球溃烂，严重的眼球脱落仅剩下眼柄，细菌侵入血淋巴，使病虾血淋巴液变稀薄，凝固缓慢。镜检可见眼球溃烂组织中含有大量细菌，最终致患菌血症死亡。越冬亲虾的烂眼病多发生在眼球的前外侧面，病虾游动缓慢或伏于水底，双眼或一侧眼睛溃烂，严重的眼球脱落。该病感染率为30%~50%，最高可达90%以上。一般散发性死亡，死亡率不太高，但严重影响生长，病虾明显小于同期的健康虾。越冬期亲虾的烂眼病同样发生在全国各地，感染率有时高达90%以上，死亡率为40%~50%。

该病的流行与池底没有清除淤泥或清淤不彻底有密切关系。越冬亲虾的烂眼病除了池底污浊以外，可能与光线强、亲虾沿池边不停地游动、眼球受伤后病原感染有关。该病的传播方式、诊断方法和防治措施可参照对虾红腿病。

### 四、甲壳溃疡病

#### 1. 病原

引起甲壳溃疡的原因较多，一般为体表受伤而导致细菌继发感染。从病灶上分离出多种细菌，隶属于弧菌、假单胞菌、气单胞菌、螺菌和黄杆菌等，均为革兰染色阴性菌。

#### 2. 主要症状

甲壳溃疡病在越冬亲虾中流行广泛，其诱发原因主要是亲虾因捕捞、运输和选择等操作不慎，导致体表受伤；或在越冬期间南美白对虾跳跃碰撞受伤，分解几丁质的细菌或其他病菌入侵感染，导致甲壳溃疡而陆续死亡，累积死亡率可高达80%以上。该病主要发生在越冬中后期的1~3月。

该病最显著的症状为体表甲壳表面有黑褐色斑块，该斑块主要是因病虾体表甲壳发生溃疡而形成的黑褐色凹陷，严重时会侵蚀到几丁质以下的组织。黑褐色斑块周围颜色较浅，呈灰白色，中部颜色较深。黑褐色斑块随着感染时间的延续逐渐扩大，其形状多数为圆形，也有长方形或不规则形。黑褐色斑块发生的部位不固定，但以头胸甲鳃区和腹部前3节的背面和侧面较多；南美白对虾附肢和额角烂掉后，其断面也呈黑褐色，溃疡的深度未达表皮，黑褐色斑块可随南美白对虾蜕壳而消失；但若溃疡已达表皮之下，蜕壳时常在溃疡处发生新壳与旧壳粘连，并因此造成蜕壳困难，严重的因细菌侵入甲壳下的内部组织而造成对虾死亡。

该病主要是受损伤的对虾继发感染细菌所致，在养殖生产过程中一定要做好防护工作，防止操作过程中导致对虾受伤，降低对虾受伤率，其传播和感染率就会下降。该病的诊断方法和防治措施可参照对虾红腿病。

### 五、肠炎

#### 1. 病原

南美白对虾肠炎的主要病原为嗜水气单胞菌。

#### 2. 主要症状

病虾游动缓慢，体质较弱，消化道呈现红色，有的胃部呈血红色，空肠空胃，肠道中有积液或微黄色的脓状物，中肠出现肿胀，直肠部分外观浑浊，界限不清（彩图 26）。

#### 3. 防治措施

南美白对虾肠炎病是一种常见的细菌病害，其传播方式和诊断方法基本与虾红腿病一致。防治措施主要是养殖前期做好塘口清塘工作，防治池塘中遗留上季养殖的致病细菌，同时也清理池底淤积物，防止有毒有害的物质威胁对虾的体质；在养殖过程中定期使用芽孢杆菌等微生态制剂降解养殖代谢产物，维持良好的藻相和菌相，营造良好的养殖环境，同时通过提高有益菌的丰度来抑制气单胞菌和弧菌等条件致病菌的生存空间；另外，在养殖过程中可以用维生素 C 等免疫增强剂拌料投喂南美白对虾，以增强自身对病原的抵抗能力，在发病季节可以用紫皮大蒜等中草药拌料投喂来起到抑菌杀菌效果。

### 六、急性肝胰腺坏死综合征

急性肝胰腺坏死综合征（Acute Hepatopancreas Necrosis Syndrome，AHPNS）是近年来导致全球南美白对虾产量下降的重要因素，给养虾业造成了数十亿美元的损失。2016 年，该病的发生导致我国华南对虾养殖区的排塘率达到 90%。虾患 AHPNS 后暴发性死亡如图 6-1 所示。

图6-1　虾患 AHPNS 后暴发性死亡

### 1. 病原

AHPNS 的病原是一种携带 PirA 和 PirB 毒力蛋白的副溶血性弧菌，也有报道携带毒力蛋白的欧文弧菌和坎贝弧菌能引起 AHPNS。该类菌能合成二元毒素，其毒素能导致宿主细胞膜穿孔，细胞内外渗透压发生改变，使靶细胞损伤甚至死亡。

### 2. 主要症状

南美白对虾感染 AHPNS 后虾壳变软，摄食明显减少，活力减弱，行动迟缓，体色苍白，少数南美白对虾体表出现黑斑；肝胰腺颜色暗淡，感染前期南美白对虾肝胰腺异常肥大，呈稀水状；感染后期对虾肝胰腺明显萎缩，质地变硬；空肠空胃。苗种投放苗 10 天后就可发病死亡，濒死虾多沉在池底，很少出现在池边或水面，因此该病又称早期死亡综合征（Early Mortality Syndrome，EMS）或偷死症（彩图 27）。

在调查过程中发现 AHPNS 不仅发生在放苗前期，在养殖中后期也会暴发该病。AHPNS 的发病分为两种类型，一是急性型，该类型病程发病较快，病程发展迅速，一旦发病，1 ~ 2 天内全池虾发病死亡；二是亚急性型，该类型病程发生相对较缓，死亡率不高，塘口每天都出现零星掉苗，虾摄食量减少不多，病程较轻的虾可以慢慢恢复。

### 3. 传播途径

该病的病原为强致病菌株，主要以水平方式进行传播。该病发生时传播速度非常快，同一个水体从发病到死亡快至几个小时，生产中发现该病暴发后会以发病池塘为中心迅速向周边传播，即使隔离了发病虾、病虾池塘水源、养殖工具和水鸟等，传播也难以得到控制。初步认为该病的传播可能还与水汽和风向等有关。因此，该病的传播能力强、传播速度快，发现该病需加强管理。

### 4. 诊断方法

该病可根据其特殊的发病特征进行初步诊断，其确诊主要通过分子生物学技术对两个毒力基因进行检测，只有携带这两个毒力基因的副溶血性弧菌才具备 AHPNS 致病性。常规的副溶血性弧菌虽然是条件致病菌，但是在养殖池塘内对南美白对虾养殖的危害有限，因此通过 TCBS 琼脂培养基检测绿弧菌来诊断 AHPNS 有失偏颇。

### 5. 防治措施

AHPNS 发病后没有有效的解决办法，并且该病发病急，很多养殖户还来不及反应全池虾就全部死光。因此该病还是以预防为主。首先在购买虾苗时就应该进行检疫，确保购买的苗中不携带该病病原。其次养殖过程中选用鲜活生物饵料要慎重，警惕鲜活饵料携带该类病原的风险，同时要做好饵料投喂和管理工作，禁止投喂劣质饵料，禁止过量投喂，投喂过多会增加南美白对虾的消化负担，使南美白对虾处于一种亚健康状态，另外残饵还会污染水体，容易滋生细菌。最后要管理好塘口水质和底质，放苗前要做好塘口的彻底消毒灭菌；养殖中期要适当换水和调节好池塘水质，维护好池塘底质，建议以微生态制剂调节为佳；养殖后期要注意水体中补充足够的碳源，保证有益菌的最佳活力，以此来维持良好的养殖环境。

## 第五节　防治寄生虫病害

南美白对虾养殖中最常见的寄生虫病为固着类纤毛虫病。

**1. 病原**

该病的病原主要是固着类纤毛虫中的聚缩虫、钟虫、单缩虫等。虫体呈倒钟罩形，前端为口盘，口盘的边缘有纤毛，虫体后端有柄，柄的基部附着在基质上。

**2. 主要症状**

固着类纤毛虫是共栖生物，可感染南美白对虾生活史的各个时期，附着在南美白对虾的体表、附肢及成虾鳃部，甚至眼睛上。附生数量不多时肉眼看不出症状，危害也不严重。但在体表大量附生时，肉眼看出有一层灰黑色绒毛状物（彩图28）。患病的南美白对虾或幼体，游动缓慢，反应迟钝，摄食能力降低，呼吸困难，生长发育停止，不能蜕壳，严重者可引起死亡。

**3. 传播途径**

该病主要以水平方式在南美白对虾间传播。

**4. 诊断方法**

该病从外观症状基本可以初诊。剪取一点鳃丝或从身体刮取一些附着物做成水浸片，在显微镜下观察到大量虫体可确诊。患病幼体可直接制作水浸片，然后进行镜检。

**5. 防治措施**

南美白对虾固着类纤毛虫病在养殖场和育苗场都经常发生，尤其对幼体危害严重。该病在有机质丰富的水中最易发生，且该病的发生对南美白对虾的生长发育速度有很大影响。若南美白对虾养殖中表现出生长发育缓慢，不能及时蜕壳，就可能大量发生此病；反之，南美白对虾生长发育正常，及时蜕壳，即便有少量虫体附着，也可随着蜕壳时蜕掉，不至于引起疾病。

因此，在防治过程中首先要做好池塘的清淤消毒工作，防止病原残留；其次，严格把好苗种关，防止苗种携带病原；再次，管理好池塘水源、水质和底质，防止池底淤泥多、投饵量大、放养密度过大、水质污浊和水体交换不良等留下隐患；最后，在严重发病的池塘可以施用一定的杀纤毛虫的药物，但要注意天气变化和增加池塘溶解氧等。

## 第六节　防治真菌性病害

### 一、微孢子虫病

**1. 病原**

病原主要有微粒子虫、塞罗汉虫、阿格玛虫、匹里虫等。微孢子虫个体较小，显微镜下观察多为卵圆形或梨形，孢子长 2 ~ 10 微米，宽 1.5 ~ 4.2 微米。

**2. 主要症状**

患病对虾肌肉变白浑浊、不透明、失去弹性。微孢子虫病在华南对虾养殖地区是一种较为常见和危害较大的慢性疾病，在整个疾病防治周期感染率可达 90%，死亡率可达到 50% 以上。该病症多见于1 ~ 3 厘米的幼虾，但仔虾、幼虾和成虾均可被感染患病。病虾游动迟缓，多浮游于池边，摄食量大幅减少甚至停止摄食，生长停滞，体质逐渐衰弱，陆续死亡。

**3. 传播途径**

该病主要通过水平方式传播。

**4. 诊断方法**

由于对虾病毒性疾病、弧菌病和肌肉坏死病等也可使虾体肌肉变白浊，在诊断时可取白浊组织做显微镜涂片，在高倍镜下能观察到孢子细胞即可确诊。另外，利用微孢子虫的特异性基因进行分子检测结果更加可靠，并且可以鉴别病原具体属于哪一类微孢子虫。

**5. 防治措施**

目前，针对该病尚无有效治疗方法，主要还是加强预防。首先，在虾苗放养前对池塘进行彻底清洗、暴晒和消毒，水源进入池塘后，合理使用安全高效的消毒剂对水体进行彻底的消毒，杀灭潜藏于池塘环境中的病原生物；其次，养殖过程中不定期使用低毒高效的消毒剂进行水体消毒处理；再者，发现池塘中出现患病对虾应立即捞出并销毁，防止被健康的对虾吞食或由于患病虾腐败后微孢子虫的孢子散落在水中扩大传播，感染健康的对虾。

## 二、对虾肝肠胞虫

### 1. 病原

对虾肝肠胞虫（*Enterocytozoon hepatopenaei*，EHP）是近年来新发现的一种对虾病害，EHP 隶属于微孢子虫目，肠上皮微孢子虫科，成熟的孢子呈椭圆形，孢子微小（长 1.1 微米 ±0.2 微米，宽 0.7 微米 ±0.1 微米），主要寄生在对虾肝胰腺肝小管上皮细胞和肠道微绒毛上皮细胞内。

【注意】

　　在分类学上 EHP 属于真菌界，大多人习惯从字面上认为 EHP 是一种寄生虫，患此病时首先想到使用杀虫药物进行防治，这种处理方式是错误的。

### 2. 主要症状

现有的研究发现 EHP 主要感染斑节对虾和南美白对虾，感染后一般不引起对虾明显的死亡，主要表现为对虾严重生长迟缓，规格参差不齐，饵料系数升高，个别伴随拉白便症状（彩图 29）。

### 3. 传播途径

EHP 具有垂直和水平两种传播方式，其中垂直传播主要是繁育的亲虾通过繁殖传递给子代个体。成熟 EHP 会在胞内压强增大的情况下，通过快速弹射出极丝的方式感染宿主细胞，在宿主细胞中大量增殖导致宿主细胞破裂，此时 EHP 会形成休眠体随着上皮细胞脱落到消化道而排到养殖环境中，EHP 孢子具有非常坚硬的细胞壁，可以应对恶劣的环境和抵挡一些消毒清塘剂的侵蚀，对虾消化液也无法破坏其活性，健康虾摄食了附着 EHP 孢子的食物就会被感染，这是其水平传播的主要形式。

### 4. 诊断方法

目前南美白对虾感染 EHP 与否可根据其生长状况做出初步诊断，感染 EHP 的南美白对虾未出现明显的病症，但吃料慢，生长速度严重迟缓，个体规格差异较大，常被称"公孙虾"，也有南美白对虾光吃不长，饵料系数较高，甚至高达 3.0 以上，部分养殖塘口会观察到南美白对虾排白便的症状，主要是因为南美白对虾感染 EHP 后，肝胰腺和肠道上皮细胞大量的坏死脱落，伴随大量的 EHP 孢子由消化道排出体外，形成"白便"。EHP 确诊还需借助实验室的仪器，利用分子生物学技术进行定性和定量检测，目前也可以通过相差显微镜和在特殊染料着色的基础上通过荧光显微镜观察 EHP 感染情况。

**5. 防治措施**

感染 EHP 的南美白对虾目前还没有特效防治药，但是可以从如下几方面进行预防。

(1) **养殖塘口要严格清塘**　要清除 EHP 的休眠孢子，池塘的消毒要更加严格，有研究报道每亩可使用生石灰 400 千克，或使用烧碱至含量为 2.5%，维持较高的 pH；也可用强氧化剂高浓度处理池塘，例如使用漂白粉消毒；还可视池塘性质用火焰喷枪灼烧（水泥池）。

(2) **加强病原检疫**　首先，购苗时进行 EHP 病原检疫，挑选检测阴性的苗种入池；其次，在养殖 1 个月左右（集中标粗分塘前）进行第二次检疫，防止购苗检疫时因样品代表性问题存在"漏网之虾"；最后在养殖到 200 ~ 150 尾/斤再进行第三次检疫，前两次检疫用定性 PCR 检测即可，检测到阳性建议排塘，第三次检疫在定性检测的基础上加做定量检测，如果检测阳性的结果就可以看定量检测结果，根据定量数据判定继续养殖还是放弃。

(3) **降低养殖密度**　在调查过程中发现，检测 EHP 阳性的虾苗在异育银鲫和南美白对虾套养的池塘中，南美白对虾产量受影响程度较小，通过分析发现套养中南美白对虾的放养密度在 1 万 ~ 2 万尾/亩，一般检测阳性的苗种并不是每尾虾苗都是阳性，在低密度养殖中 EHP 的传播概率相对较小，因此影响相对较小。

(4) **严格进行养殖管理**　在尽量保证选择的苗种不携带 EHP 的基础上，还需要做好日常管理，管理好养殖过程中添加的水源和饵料不受污染。由于养殖区域较为集中，使用的水源很有可能是别处感染 EHP 塘口排出的尾水。在检测过程中也发现一些鲜活饵料例如沙蚕、丰年虫等检测到 EHP，虽然生物饵料是否一定是 EHP 的中间传播者还没有定论，但是存在传播风险是毋庸置疑的。另外在养殖生产工具上最好做到每个塘口单独配套，防止交叉感染。不同的养殖模式也对 EHP 的预防有一定的作用，起源于江苏如东的"小棚养虾"模式养殖南美白对虾，因塑料薄膜形成的隔离空间能对病原起到阻断传播途径的作用，所以养殖上有非常大的优势。

## 第七节　防治有害藻类诱发的疾病

### 一、蓝藻中毒

一般在对虾养殖中后期水体富营养化程度不断升高，透明度小于30厘米时，往往容易出现以有害蓝藻为优势的微藻藻相结构。在盐度小于10的水体中有害蓝藻主要以微囊藻为主，当盐度在10以上时则主要以颤藻类为主。这两类蓝藻均可分泌微囊藻毒素，该毒素主要作用于对虾肝脏，其中50%～70%的毒素在肝脏，7%～10%的毒素在肠道，而且毒素可从肝脏到肠道，并在肝肠间进行再循环。所以，在这种水体环境中，养殖南美白对虾容易发生中毒，肝胰腺和肠道受到破坏，最终死亡。通常在池塘下风处的水体表层会出现积聚较多蓝藻水华，伴有腥臭味，池边可见漂浮的死亡虾（彩图30）。

**1. 常见蓝藻**

南美白对虾养殖过程中，池塘中常见的蓝藻主要有绿色颤藻和铜绿色微囊藻。

**2. 防治措施**

（1）控制水体有机物　随着养殖生产的进行，池塘中的有机物会不断积累，为有害蓝藻的暴发式生长提供有利条件。在养殖过程中应定期使用芽孢杆菌等有益菌制剂，及时分解养殖代谢产物；科学合理投喂饵料，防止过量投喂导致水质恶化。

（2）净化水质　养殖池塘中开始出现蓝藻繁殖的初期，配合使用光合细菌、乳酸菌与芽孢杆菌，交替泼洒，净化水质，抑制蓝藻生长。

（3）杀藻换水　当水体中蓝藻数量已经较高时，先使用安全高效的消毒剂杀灭部分蓝藻，再使用芽孢杆菌分解死藻尸体，每3～5天重复1次，反复操作2～3次；同时添加部分新鲜水源，补充优良微藻藻种，重新培育优良藻相；同时，要保证水体溶解氧水平。

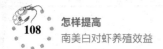

## 二、甲藻危害

### 1. 主要种类

南美白对虾养殖过程中常见的甲藻有夜光藻、锥状斯氏藻、钟形裸甲藻、微小原甲藻、透明原多甲藻、大角藻、飞燕甲藻、真蓝裸甲藻、赤潮异弯藻等。

### 2. 主要症状

甲藻对水体盐度、水温、pH 等理化因子具有较好的环境适应性，一般随着水体富营养化水平不断升高，容易引起甲藻暴发式的增长繁殖，使水体变为浅红色、暗红色或红棕色（彩图 31），水"黏"而不"爽"，多泡沫，发出腥臭味。死亡藻体滋生腐生细菌，容易致使水中溶解氧急剧下降。有些甲藻种类可以产生甲藻毒素，破坏对虾的呼吸系统、神经系统和肌肉组织等，严重影响对虾的健康生长。

在海水南美白对虾养殖的中后期，随着池塘水体中有机物含量不断升高，有时会出现水体在夜晚呈现出荧光的现象，尤其是在增氧机拍溅的水花处荧光现象更为明显，养殖南美白对虾在池边跳跃时也可呈现出明显的荧光状。这主要是因为养殖水体中形成了以夜光藻为优势浮游生物群落结构，有的养殖南美白对虾体表黏附了夜光藻。这种水环境下，南美白对虾容易产生应激反应，略受惊扰即容易发生"跳虾"的现象，摄食量有不同程度的减少，严重时甚至出现南美白对虾陆续死亡的情况。

### 3. 防治措施

南美白对虾养殖过程中甲藻的防控方法同蓝藻暴发的处理方式。

# 第七章
## 科学使用南美白对虾养殖
## 投入品，向品质要效益

## 第一节　投入品误区

### 一、投入品的认识不足

目前，南美白对虾养殖投入品种类繁多，市面上产品的质量参差不齐，对于养殖户辨识优劣是一个巨大的考验。南美白对虾养殖投入品初步可分为环境改良剂、消毒剂及微生态制剂等。不同的投入品具有不同的作用机制，如化学消毒剂主要为氧化杀菌作用；沸石粉、膨润土主要为物理吸附作用；微生物制剂主要为细菌消化吸收作用。而部分养殖者不明白各类投入品的特征及作用，往往造成使用上的错误，导致南美白对虾死亡。其次，部分以往使用的水产投入品已被列入禁用药，如孔雀石绿、氯霉素、喹乙醇等，这些试剂不允许在南美白对虾体内检出，养殖户误用后一旦被查出，会造成一定的经济损失。再者，使用者要认真查看投入品使用说明书，如果说明书上没有明确的药物成分，则说明该产品不规范，其质量和使用效果值得怀疑。还有，部分药品功效被夸大，如常规的肠道改良药物，却宣传为可以治疗病毒性疾病，严重夸大了其作用。因此，在使用药物时要具有一定的理论知识，科学地使用。

### 二、投入品的使用不规范

大部分养殖户对投入品的使用不按使用说明书进行，甚至加倍使用或混用。一般来讲，不同的投入品具有不同的作用机制，在使用上各自有不同的使用原则。如化学消毒剂具有较强的毒性，使用后导致虾类耗氧量增加，且分解速度较慢，一般以晴天水体中溶解氧量较高时使用较为安全。在联合使用过程中更要在了解原理的条件下，进行科学使用。若消毒剂与微生态制剂同时使用，则会引起微生态制剂失效，因此两者要有一定的间隔时间。其次，微生态制剂具有不同的适应性，部分细菌可以在海水中存活，而大部分细菌仅能在淡水中存活，因此应根据自身水体的环境特点选择不同生理特征的细菌制剂。再者，在微生态制剂的施用过程中，应向水体中施加维持细菌生长的营养盐，如碳源及磷源等，从而保证细菌在水体中维持一定的丰度，充分发挥微生态制剂的作用。另外，化学消毒剂的使用风险较高，要遵循使用说明书施用，如氯制剂及杀藻类金属制剂对南美白对虾也具有较强的毒性，一定要慎重使用，且施用后水体要经阳光暴晒、曝气、增氧。

## 第二节　科学使用环境改良剂及消毒剂

在南美白对虾养殖过程中，良好的水质和底质条件是养殖成功的重要前提。随着养殖生产的进行，残饵粪便等超过环境自净能力，就会大量积蓄在环境中，导致养殖环境条件恶化，病原大量滋生，危害南美白对虾的健康生长，甚至暴发病害。因此，在养殖过程中要根据环境条件及时进行环境改良，保证良好的养殖环境条件。

### 一、生石灰

生石灰的主要成分为氧化钙，通常制法为将主要成分为碳酸钙的天然岩石，在高温下煅烧，即可分解生成二氧化碳和氧化钙（CaO，即生石灰）。生石灰是水产养殖清塘或消毒常用的投入品，遇水后生成氢氧化钙，呈碱性，同时可释放大量的热，可杀灭野杂鱼、鱼卵、昆虫、虾蟹类、病原菌和病毒等，并能使水质澄清，增加水体钙含量，提高水体 pH。在南美白对虾放养前清塘时生石灰的用量为 $100 \sim 300$ 千克/亩，1 周左右失效；使水体提高 1 个 pH 的生石灰用量为 6.7 千克/亩（水深为 1 米）。

## 二、氯制剂

### 1. 漂白粉

漂白粉又称含氯石灰，为白色粉末，其消毒效果除具有生石灰的消毒效果外，其吸收水分或二氧化碳时，还产生大量的氯，因而杀菌效果比生石灰强。但暴露在空气中时，氯易散失而失效。漂白粉是使用历史最久的消毒剂，被称为第一代消毒剂，一般用于放养前的水体消毒和养殖过程中的水体消毒，前者的用量为 20～30 毫克/升（1.0 米水深池每亩用量为 13.3～20.0 千克），后者的用量为 1～2 毫克/升（1.0 米水深池每亩用量为 0.67～1.33 千克）。用于消毒的漂白粉，其含氯量应在 32% 以上为佳，含氯量低于 15% 不能使用。漂白粉的消毒失效时间为 4～5 天。

### 2. 强氯精

强氯精的化学名为三氯异氰尿酸，又名鱼安（TCCA），为白色粉末，含有效氯达 60%～85%，化学结构稳定，能存放 1～2 年不变质。在水中呈酸性，分解为异氰尿酸、次氯酸，并释放出游离氯，能杀灭水中各种病原体。强氯精可称为第二代消毒剂，已逐步代替漂白粉使用。通常用于放养前的水体消毒和养殖期间的水体消毒。前者用量为 1～2 毫克/升（1.0 米水深池每亩用量 0.67～1.33 千克），后者用量为 0.15～0.5 毫克/升（1.0 米水深池每亩用量 0.1～0.33 千克），失效时间为 2 天。

### 3. 二氯异氰尿酸钠

二氯异氰尿酸钠又名鱼康、优氯净，为白色粉末，含氯 60%～85%，化学结构稳定，有效期较漂白粉长 4～5 倍；一般室内存放半年后有效氯含量仅降低 0.16%；易溶于水，在水中逐步产生次氯酸。由于次氯酸有较强的氧化作用，能杀灭水体中各种病菌病毒。二氯异氰尿酸钠可称为第三代水体消毒剂。经技术处理，该产品由粉状改为小颗粒，可直接撒入虾塘，达到消毒池塘底部的效果。养殖中、后期消毒，使用量为 0.2 毫克/升，失效时间为 2 天。

### 4. 二氧化氯制剂

二氧化氯（$ClO_2$）制剂是一种很强的消毒剂，无色、无臭、无味。

其氧化力较一般含氯制剂强。市面上销售的 $ClO_2$ 有固体和液体两种形式。固体二氧化氯为白色粉末，分 A、B 两种药，即主药和催化剂。使用时分别把 A、B 两种药各加水溶化，之后混合稀释，即发生化学反应，放出大量的游离氯和氧气，达到杀菌效果。从水剂的稳定性来看，$ClO_2$ 使用效果更好。$ClO_2$ 制剂可称为第四代水体消毒剂。本品除用于养殖水体消毒外，还可用于南美白对虾鲜活饵料的消毒，前者用量为 0.1～0.2 毫克/升，后者用量为 100～200 毫克/升，失效时间为 1～2 天。

### 三、碘制剂

碘又称为碘片，从海草灰或盐卤中提取，为黑色或蓝黑色片状结晶，不溶于水，易溶于乙醇。其醇溶液溶于水，能氧化病原体原浆蛋白的活性基因，对细菌、病毒有强大的杀灭作用。在水产养殖水体消毒中，一般使用碘的化合物或者复合物，如聚乙烯吡咯烷酮碘（PVPI，消毒用量为 150 毫克/升）、贝他碘、碘灵等。

### 四、高锰酸钾

高锰酸钾（$KMnO_4$）又名过锰酸钾、灰锰氧，是深褐色的结晶体，易溶于水。其是一种强氧化剂，能氧化微生物体内活性基因而杀菌，还可以杀死原生动物。本品对虾类有中毒毒性，一般不应用于养殖期间的水体消毒，而只用于杀灭纤毛虫。使用时应排掉大部分塘水，按 3～5 毫克/升浓度用药，4 小时后进满水。

### 五、新洁尔灭液

新洁尔灭液又名新洁尔灭、溴苄烷铵，为溴苄化二甲基烃铵的水溶液，为无色或浅黄色澄清液体，芳香，味苦。其水溶液能渗入细胞浆膜的类脂层与蛋白层，改变细胞膜的通透性，使细胞内物质外渗而杀灭细菌、原生动物。在养殖过程中，用高锰酸钾杀灭纤毛虫时，加上 0.1 毫克/升的新洁尔灭，效果会更好。

【提示】

在选择含氯消毒剂时要注意商品有效氯含量，避免用量不足造成消毒不彻底。同时使用含氯消毒剂后要留足时间去除消毒剂，防止余氯对苗种的毒性。

## 第三节　科学使用微生态制剂

目前，世界各国都认为直接应用有益细菌是无公害健康养殖的重要技术手段。在现代化集约式精养对虾系统中，对虾的排泄物、残饵沉积物等严重污染养殖水体，从而为病原体微生物繁殖创造了条件，导致虾病的发生。如果单纯使用化学与物理方法处理池水，不但成本高，预防病害的效果也不理想，况且过多地依赖化学药品有时会产生二次污染问题及食物安全问题。对虾在一个没有微生物的环境中或者对虾周围的正常微生物群落被破坏，养殖水环境不稳定，对虾生理状态受到严重影响，对虾就会发病。已有大量的事实证明，养殖过程中重视使用微生物制剂，有利于保持养殖水体环境的生态平衡、水质稳定，可以促使对虾健康生长。

当前，我国常用的改良水质、底质的有益微生物制剂有两大类：一类是利用光能的光合细菌，另一类是有益的化能异养细菌。

### 一、光合细菌

目前在养殖生产上应用较多的是红螺菌科的菌种。该类细菌能利用光和色素，在厌氧、光照条件下进行光合作用，但是不产生氧，有别于微藻的光合作用，基本上利用小分子有机物做供氢体，也能利用硫化氢做供氢体。

**1. 光合细菌的作用**

光合细菌在池塘底部能很好地利用池水及底泥腐殖质中的氨氮、硫化氢、有机酸等，因此能迅速净化水质。但是该类菌基本上不能很好地利用大分子有机物，如蛋白质、淀粉等。虾池使用的光合细菌，应该是培养基的盐度和养殖池盐度接近的光合细菌，活菌量每毫升不低于 10 亿个，每亩施用 10 升以上，主要撒播在池底，以后定期每20 天使用 1 次。

**2. 光合细菌的分类**

光合细菌分为产氧光合细菌和不产氧光合细菌。产氧光合细菌主要是蓝细胞（或称之为蓝藻）和原绿藻，它们是藻类学家研究的主要对象。不产氧光合细菌即人们常说的光合细菌，它们分为 4 种：红螺菌科、着色菌、绿色菌、绿屈挠菌。水产养殖生产中以红螺菌科的光合细菌为主。

### 3. 光合细菌的特点

光合细菌的种类较多，而且在形态、色泽、利用和产生物质方面均不相同。光合细菌在水产养殖上的作用，相当于净水剂、饲料添加剂、抗病剂、促生长剂的共同作用。光合细菌具有以下特点：有光合色素，能进行光合作用，不放氧；利用硫化氢、有机酸做供氢体和碳源；利用氨基酸、铵盐、氮气、硝酸盐、尿做氮源；不能利用淀粉、葡萄糖、脂肪、蛋白质等大分子有机物。

### 4. 优质光合细菌的挑选及培养（彩图 32）

如今，市面上光合细菌产品五花八门，挑选光合细菌时要注意以下几点。

（1）**外观均匀，基本无分层**　优质的光合细菌产品上下均匀，基本无分层，颜色比较均匀（不是靠悬浮剂或增稠剂造成，而是自然培养出来的，不加任何修饰）。

（2）**无粘壁现象**　优质的光合细菌没有一丝一毫的粘壁现象，劣质的会在壁上留下紫红色的颜色层，就像油漆一样，洗不掉，抹不去。

（3）**颜色的深度较深**　根据国家质量标准，优质的光合细菌可以用 721 分光光度计，测定 A 660 纳米处的吸光值，如果大于 1.5，说明浓度在 30 亿个/毫升，优质的光合细菌吸光值要达到 1.5 以上。

（4）**颜色鲜艳无杂色**　优质的光合细菌不仅颜色较深，而且鲜艳无杂色，比如是大红色、血红色或深紫色，看起来是悦目的。

（5）**保存期长**　优质光合细菌的保质期较长，一般夏天可以保存 3 个月，冬天能达到 6 个月，在期限内外观无明显变化，菌体活力达到 80% 以上。

（6）**培养周期短，接种量少**　优质的菌种，接种量 10% ~ 20%，培养周期 3 ~ 5 天（白炽灯培养，温度为 30 ~ 37℃）或 7 天左右（自然光培养，温度为 30 ~ 38℃，夜间不培养）。

光合细菌培养时，按照表 7-1 的配方进行培养基配制，使用的水源最好是清洁消毒的，这样培养出来的光合细菌基本没有杂菌。

表7-1　光合细菌培养基配方

| 组　　分 | 含量/(克/升) |
| --- | --- |
| 醋酸钠 | 1.145 |
| 蛋白胨 | 0.055 |
| 硫代硫酸钠 | 0.4 |
| 氯化钠 | 0.3 |
| 硫酸镁 | 0.1 |
| 磷酸二氢钾 | 0.05 |
| 碳酸氢钠 | 0.6 |

【提示】

　　光合细菌对盐度非常敏感，南美白对虾养殖水体有一定盐度，建议使用灭菌的池塘水体进行光合细菌的驯化培养，否则光合细菌施用到水体会大量失活，不但不能改善水环境，反而增加水体有机质，破坏养殖环境。

## 二、化能异养细菌

　　化能异养型细菌以有机化合物为碳源，以有机物氧化产生的化学能为能源。所以，有机化合物对这些菌来讲，既是碳源，又是能源。已知的绝大多数微生物都属于此类。化能异养型细菌在水质净化、环境保护和环境修复方面应用比较多。目前我国市场上常见的菌种有芽孢杆菌属、乳杆菌属、亚硝化单胞菌、硝化杆菌属、假单胞杆菌等一些菌株。这些细菌可以分别在好氧、厌氧或兼性厌氧的条件下利用蛋白质、糖类脂肪等大分子有机物，以及酚类、氮、有机酸等将其分解为小分子，进一步矿化成无机盐供微藻利用。一方面，这些细菌大量繁殖成为优势群落，占领生态位，可抑制病原微生物的滋长繁殖；另一方面，可提供营养促进单胞藻类繁殖生长，调控水质因子。其中，芽孢杆菌属菌株具有性状稳定、不易变异、胞外酶系多、降解有机物速度快、对环境适应能力强、产物无毒等特点，已成为池塘养殖中广

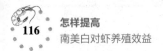

泛应用的代表性菌株。

芽孢杆菌具有以下特点：分泌胞外酶，降解大分子有机物，如淀粉、蛋白质；性状稳定、不易变异；对环境适应性强；产物无毒。

### 1. 芽孢杆菌

在南美白对虾养殖池塘中使用芽孢杆菌，能迅速降解养殖代谢产物，促进优良浮游微藻繁殖，延缓池底老化，同时可抑制有害菌繁殖，改善水体质量；在饲料中添加投喂，能改善南美白对虾消化道内的微生物环境，增强营养物质的吸收，并能提高南美白对虾免疫力。

用法与用量：有效菌含量为 10 亿个/克的粉末状菌剂，按水深 1 米计算，每次使用量为 0.5～1.0 千克/亩，加入 30%～100% 的米糠、花生粕、豆粕等用水浸泡后全池泼洒，每 7～15 天使用 1 次，养殖全过程均可使用。也可以 0.3%～0.5% 的用量添加于饲料中制粒或者拌饲料投喂。

【提示】

芽孢杆菌使用前需进行活化，芽孢杆菌粉剂中的芽孢杆菌以芽孢和营养体两种形式存在，活化是为了让芽孢萌发为营养体，同时促进细菌增殖，提高活菌数量。实验表明：用 2% 糖活化 24 小时，活菌数为原来的 10 倍。当然，菌不同，活化的效果也不尽相同。个人认为，活化还是采用自来水比较好，相比池水，自来水中杂菌少。活化仅用糖类就可以，糖类可作为速效能源被利用，无须补充其他营养物质。芽孢杆菌为好氧菌，使用时注意池塘增氧，使用芽孢杆菌不能与消毒剂或抗生素混合使用。

### 2. 硫杆菌

广泛分布在海水、海泥、池泥及其他土壤中，其代表种类有排硫杆菌、氧化硫杆菌。硫杆菌在有二氧化碳及碳酸盐的条件下生长，在大量硫化物存在的情况下，硫化物被氧化成硫沉淀于细胞外。硫杆菌一般在 25～30℃ 培养液中 2～4 天生长，菌落白色或浅灰色、圆形、全缘，呈短杆状，大小为 0.5～1.5 微米，无孢子，能运动，革兰染色阴性。当硫杆菌旺盛生长时，可使其生长环境的 pH 由 7.5 降至 3～3.5 或更低。硫杆菌属的细菌能使硫或硫的不完全氧化物转化成硫酸盐等物质，并能参与水或土壤中的硫物质循环作用，改良土壤和水质。水中积累的硫化氢等有毒物质，可在硫杆菌作用下转化为无毒物质，使水质稳定，有利于养殖。

### 三、硝化细菌

硝化细菌是一种氧化氨或亚硝酸盐的硝化杆菌科细菌，常分为亚硝化单胞菌和硝化杆菌两类。亚硝化单胞菌为杆状，0.8～1.0 微米，单生，有极生鞭毛，为菌体 3～4 倍；革兰染色阴性，有细胞质膜，为专性化能自养细菌，不需有机生长因子，严格好氧，生长环境的 pH 为 5.8～8.5，温度为 5～30℃。硝化杆菌呈短杆状，楔形或甲梨形，一般不运动，多为专性化能自养细菌，生长环境 pH 为 6.5～8.5，温度为 5～40℃，其中 ~~~~~~分布在海洋、淡水和土壤中。

【作用与用途】 在水体中，腐败细菌可把动植物体分解为氨氮或氨基酸，固氮菌等可把游离氮变成氨，而生长在水环境中的硝化细菌能把氨或氨基酸转化为硝酸盐或亚硝酸盐，放出热量，使水体中有毒物质分解为无毒成分。

【用法与用量】 硝化细菌是靠固定二氧化碳满足对碳素的需求，故在一定条件下，引入少量的硝化细菌便可繁殖。亚硝化细菌生长慢，传代周期长，而亚硝酸盐在硝化细菌的作用下转化为无毒硝酸盐的过程常常发生在极短的时间内。因此，亚硝化细菌和硝化细菌同时存在，对水中有害的氨、铵离子和亚硝酸盐迅速转化为无害的硝酸盐十分重要。

### 四、反硝化细菌

它由具有反硝化作用的一组微生物种群组成，主要用于处理底质的烂泥。在水体底层溶解氧含量低于 0.5 毫克/升，pH 为 8～9 条件下，反硝化细菌利用底泥中有机物作为碳源，将底泥中硝酸盐转化为无害的氮气排入大气中，或转化为有毒性的亚硝酸盐、氨离子、铵离子，留在池水中。反硝化过程消耗了大量的底层发酵产物和沉积于底层的有机物，底层污泥中有机物和硝酸盐的含量迅速减少，可有效预防因天气突变引起水质剧变对对虾的应激。可见，在虾池内使用反硝化细菌利大于弊。利用反硝化细菌处理底泥的污染，减少底泥中硝酸盐的含量，关键是选择好菌种，只有使用通过实验室筛选的反硝化主要产物为氮的反硝化菌株，才能做到既减少底泥有机物和硝酸盐含量，又能保持水质长期稳定。

### 五、乳酸菌

乳酸菌是指发酵糖类主要产物为乳酸的一类无芽孢、革兰染色阳性细菌的总称。乳酸菌在自然界种类多、分布广，细菌分类学上划分包括乳杆菌、乳球菌等多达 18 个属，200 多种。大量研究表明，乳酸菌能够调节机体胃肠道正常菌群，保存微生态平衡，提高食物消化率和生物价，控制机体内激素，抑制肠道内腐败菌生长繁殖和腐败产物的产生。

#### 1. 乳酸菌的功能

乳酸菌是南美白对虾养殖过程中重要的益生菌，其具有多方面的功能，主要体现在提高营养物质利用率，预防和治疗疾病，综合调节机体的免疫等。

（1）营养功能　乳酸菌能分解食物中的蛋白质、碳水化合物，合成维生素，显著提高食物消化率和生物价，促进消化吸收，降低对虾养殖的饵料系数。

（2）促进营养物质的吸收　乳酸菌可在体内产生各种消化酶，有助于食物消化，也可降解饲料中的某些抗营养因子，提高饲料转化率。

（3）抑制病原菌，改善胃肠道功能　乳酸菌代谢可以产生有机酸、双乙酰、过氧化氢和细菌素等多种代谢产物，可以抑制饲料中的腐败菌和病原菌。

#### 2. 乳酸菌塘口发酵

乳酸菌的发酵工艺较简单，大多南美白对虾养殖户都在塘口自行进行发酵（图 7-1、彩图 33），目前发酵多用 MRS 培养基，也可用商品的发酵培养基 MRS 培养基配方（表 7-2）。

图 7-1 乳酸菌发酵

表 7-2 MRS 培养基配方

| 组 分 | 含量及要求 |
|---|---|
| 蛋白胨 | 10.0 克 |
| 牛肉膏 | 10.0 克 |
| 酵母膏 | 5.0 克 |
| 柠檬酸氢二铵 | 2.0 克 |
| 葡萄糖 | 20.0 克 |
| 吐温 80 | 1.0 毫升 |
| 乙酸钠 | 5.0 克 |
| 磷酸氢二钾 | 2.0 克 |
| 硫酸镁 | 0.58 克 |
| 硫酸锰 | 0.25 克 |
| 蒸馏水 | 1000 毫升 |
| pH | 6.2 ~ 6.6 |

## 六、酵母菌

在有氧条件下酵母菌将溶于水中的糖类（单糖和双糖）、有机酸作为其所需碳源，供合成新的原生质及酵母菌生命活动能量之用，可分解糖类，完全氧化为二氧化碳和水。在缺氧条件下，则利用糖类作为碳源。因此，酵母菌能有效分解溶于水中的糖类，迅速降低水中生

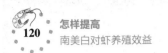
物耗氧量。在池内繁殖出来的酵母菌又可作为虾类的饲料蛋白被利用。

近年来，不少地区进行健康养殖，利用微生物活菌制剂调控水质，在养殖过程中不使用抗生素药品，获得养殖成功。

我国当前在水产养殖中特别是对虾养殖中使用的所谓有益微生物制剂，包括两个类型的产品。一类是微生物环境改良剂。其定义为：在微生物生态学理论指导下，应用非病原微生物技术处理污水，降解有害物质。应用的细菌可以从自然界分离选择，也可以是工程菌。大家比较熟悉的有光合细菌、枯草芽孢杆菌等，其他各类的有益微生物产品日益增多，产品的质量也在不断改进，逐渐由单一细菌群发展为几种或十多种复合种类，商品名称也不相同。另一类是微生态制剂，通称益生菌。其定义为：在动物微生态理论指导下，采用已知有益的微生物，经培养、发酵、干燥等特殊工艺制成的用于动物的生物制剂或活菌制剂，如乳酸杆菌。

## 七、有益微生物在对虾养殖中主要功能

### 1. 改善养殖环境

在污水处理、生态环境的平衡和恢复方面，使用微生物是最优良的方法之一，很少产生二次污染，且因为菌剂的活性具有长效性，它在有机污染物矿化作用、分解有机物、消除其他有害物质方面起着重要核心作用。

### 2. 抑制病原菌的生长

这些有益微生物中，许多种类可以释放出新生物质，抑制病原菌的繁殖和生长。它们可促进某些放线菌的繁殖，从而抑制一些病原细菌的繁殖，以减少空白的"生态位"，增加物种的多样性。

### 3. 提高对虾免疫力

有益微生物可提高对虾机体的免疫力和抗病力，并且有益微生物还可以作为重要的饲料营养要素，提供一些微量的可提高对虾免疫力的营养物质。

### 4. 恢复生物群落结构

有的有益微生物具有微生态功能，可利用有益微生物直接补充对虾体内、体表所缺少的正常微生物群或促进正常微生物种群的建立和

恢复，特别是在水体消毒后，这方面的功能更为突出。

## 八、微生态制剂需要注意的几个问题

### 1. 微生物的有效性问题

有些微生物活菌制剂生产厂家过分强调微生物的含量而忽视其有效性能。有的标称每毫升含活菌数 100 亿个，甚至更多。使用者不清楚这个标称的含量是表示刚生产出来时的活菌含量，还是表示用户使用时的活菌含量。因为微生物在储存过程中会死亡相当一部分，在保证其有效数量的前提下，活菌含量越高，应用得到的效果越好。

### 2. 有益微生物的种属数量问题

有些微生物活菌制剂的生产厂家盲目追求或夸大了微生物的种属数量，而忽视它们之间的拮抗作用。微生物在各自单独培养保存时，能保持各自的活性和功能，如果把它们混合在一起培养或保存，稍有不当，就可能发生化学反应或拮抗作用，使其活性明显下降。例如，有些酵母菌和光合细菌混合在一起，两者立刻起化学反应，产生沉淀，死亡菌数大量增加。

### 3. 夸大微生物制剂的功效问题

有些微生物活菌制剂只含有单活菌，却被宣称含有多种混合菌、复合菌，并被宣传能做到有病治病，无病防病，夸大使用效果，欺骗虾农。微生物活菌制剂在净化水质方面有显著的效果，可改善养殖环境，保持水环境稳定，对预防虾病有一定作用，但它不是万能的，所以养殖者一定要掌握科学知识，正确使用。目前也有部分能对养殖有害细菌产生拮抗作用的微生物，但是其效果需要通过实验和生产实践进行验证甄别。

## 第四节　科学使用水质改良剂

### 一、沸石粉

沸石粉由沸石粉碎而成，依据不同的成分结构可分成众多品种。该物质含有多种金属及非金属元素，矿物有微孔结构，如有的沸石每立方厘米所含孔道多达 10 个，因此吸附能力极强；沸石粉含有氧化铁，可与虾池中硫化氢作用生成无毒的硫化铁；含有 10% 的氧化钙，具有调节虾塘 pH 的作用；含有可交换的钾、钠、钙等盐类，可吸附各类的有机腐化物、细菌、氨氮、甲烷、二氧化碳等有毒物质。在老化虾塘，在养殖中后期应该施用 1~2 次沸石粉，每次每亩投放 30 千克，严重污染的虾池每亩可投放 50~100 千克。另外还可在饲料中添加 1%~2% 的沸石粉，能促进对虾的消化、吸收代谢毒物，有利于对虾生长，保持水质稳定。沸石粉是一种较理想的改良水质、底质的物质。

## 二、白云石粉

白云石粉与沸石粉具有相同的物理性能，也是改善水质和底质的理想物质。白云石粉对氨氮有非常好的吸附作用，其吸附量可达 19 毫克/克。白云石粉也可以拌料给对虾喂食，用以调节对虾机体的代谢功能，吸收对虾消化道的毒素，起到促进消化酶类活力的作用。在养殖中后期，每亩投入 50 千克左右，可收到改良虾塘水质的显著效果，加工粒度以 100 目以上为佳。

## 三、碳源

含有碳元素且能被微生物生长繁殖所利用的一类营养物质统称为碳源。在南美白对虾养殖过程中多以有益微生态制剂进行水质调节，维持水质稳定，水体中的碳源为微生物生长代谢提供细胞的碳架和生命活动所需的能量，为微生物的正常生长、分裂提供物质基础。因此，碳源是南美白对虾养殖过程中重要的水质调节剂。水体中常用的碳源有糖类、油脂、有机酸、有机酸酯和小分子醇等。不同微生物所能产生的酶系不同，可利用碳源也不同。南美白对虾养殖过程中以乳酸菌等为主，最常用的碳源是糖类，按照相对分子质量和分子结构的不同，糖类可分为单糖、低聚糖、多糖和复合糖等。养殖过程中以单糖例如葡萄糖作为水体碳源，效果来得快去得也快，添加起来会比较烦琐。常用的碳源以低聚糖类糖蜜为主。糖蜜是一种黏稠、黑褐色、呈半流动的物体，主要含有蔗糖，是制糖工业的副产品。另外，糖蜜中还富含矿物、氨基酸和生物素等，能够促进微生物的生长和繁殖。

【提示】

部分养殖户利用秸秆、米糠、麸皮等作为养殖过程中水体碳源，由于养殖中缺乏分泌相关水解酶的微生物，对水体中碳源的补充效果有限，一般不建议使用。

### 四、有机酸

有机酸是指一些具有酸性的有机化合物。最常见的有机酸是羧酸，在中草药的叶、根，特别是果实中广泛分布，如酒石酸、草酸、苹果酸、枸橼酸、抗坏血酸（即维生素 C）等。有机酸通过解离出来的酸根离子可以进入细菌内改变细菌渗透压，导致细菌正常代谢紊乱，导致细菌裂解死亡，降低有害细菌的危害。有机酸可通过吸附、氧化和络合等缓解重金属的毒性，降低毒害作用。同时有机酸还可以促进对虾的摄食和消化，增强对虾的抵抗力和抗应激能力。

## 第五节　科学使用调节水生动物代谢及生长类药物

### 一、干酵母

干酵母又名食母生、啤酒酵母，是制造啤酒时得到的副产品，利用发酵液中的酵母干燥品加蔗糖混合粉碎而得到，1 克干品含细菌少于 1 万个，霉菌少于 100 个。

【理化性状】　本色为浅黄色至黄棕色的颗粒或粉末，具酵母异味，微苦；显微镜下多数细胞呈圆形、卵圆形、柱圆形或集结成块；含有多种 B 族维生素。

【作用机制】　参与机体代谢，促进血液循环及体内生物氧化，促进氨基酸与脂肪酸代谢。

【用途】　可预防缺乏 B 族维生素的疾病和营养障碍疾病，促进对虾生长，提高饲料利用效率。

### 二、维生素 $B_1$

维生素 $B_1$ 又名盐酸硫铵、盐酸噻胺，广泛存在于米糠、干酵母等物质中，药用维生素 $B_1$ 多为人工合成。

【理化性状】 本药为细微结晶粉末，有特别气味，微苦，吸潮，易溶于水，略溶于乙醇，不溶于乙醚，为水溶性维生素。

【作用机制】 维持体内正常糖代谢及神经、消化系统功能。

【用途】 防治因维生素 $B_1$ 引起的缺乏症，如神经类或消化道炎症，在对虾人工饲料中用作添加剂。

### 三、维生素 $B_2$

维生素 $B_2$ 又名核黄素、卵黄素、维生素 G 和生长维生素，存在于酵母和动物肝、肾组织，药用产品多为人工合成。

【理化性状】 本品为橙黄色结晶性粉末，微苦，稍有臭味，在碱性溶液中或见光易变质。微溶于水，几乎不溶于酒精、氯仿或乙醚。

【作用机制】 主要参与体内生物氧化作用。

【用途】 用于防治因缺乏维生素 $B_2$ 而引起的胃肠道炎、皮炎等，作为添加剂加入对虾饲料中。

### 四、维生素 $B_3$

维生素 $B_3$ 又名烟酰胺、烟碱胺、烟碱酸胺。

【理化性状】 本药为白色结晶性粉末，味苦，无臭，易溶于水和乙醇，溶于甘油。

【作用机制】 参与体内多种代谢，促进血液循环。

【用途】 可防治缺乏维生素 $B_3$ 引起的皮肤角化症，作为对虾人工饲料添加剂。

### 五、维生素 $B_6$

维生素 $B_6$ 又名吡哆醇、吡哆辛，一般食物中含量较多，药用产品为人工合成。

【理化性状】 本品为白色或类似白色结晶粉末，味酸苦，无臭，见光变质，易溶于水，微溶于乙醇，不溶于氯仿或乙醚。

【作用机制】 主要参与氨基酸与脂肪代谢。

【用途】 用于防治维生素 $B_6$ 缺乏症、表皮炎症、贫血，作为对虾饲料添加剂。

### 六、维生素C

维生素C又名抗坏血酸、维生素丙，在新鲜植物中含量丰富，药用产品为人工合成。

【理化性状】 本品为白色结晶粉末，无臭，味酸，久置变质，易溶于水，微溶于乙醇，不溶于氯仿和乙醚。

【作用机制】 主要在体内参与氧化还原反应，参与细胞间质的生成，参与解毒过程，促进叶酸形成四氢叶酸，促进铁在肠道吸收，用于急性慢性中毒、贫血、创伤愈合及传染疾病的辅助治疗。在对虾养殖期间，尤其在高温季节，添加在饲料中，可促进虾蜕壳，增强免疫力和抗病毒能力。在高温季节，每千克饲料加4克维生素C，每个月喂4天，可预防病毒病。

### 七、复合维生素

复合维生素又名多种维生素，是由几种含不同维生素的物质，按不同需要配合而成的混合制剂。

【成分与性状】 通常复合维生素中含有维生素A、维生素D、维生素E、维生素K、维生素$B_1$、维生素$B_2$、泛酸钙、烟胺、叶酸肌醇、氯化胆碱、生物素、维生素C、氨基苯甲酸等。可根据不同目的调整其种类和数量，其性状综合各种维生素而定。

【用途】 防治因缺乏维生素而引起的疾病，一般在饵料中添加0.5%~1%，以提高饲料效率，促进对虾生长，增强抗病力。

## 第六节　科学使用中草药

对虾养殖的目标是养成的商品虾是符合国际卫生标准的、绿色的、无污染的安全食品。在养殖期间应禁用抗生素，多选用合成的抗菌中草药，多用天然营养药物。这里介绍几种常用的中草药供参考。

### 一、大蒜

大蒜的有效成分为蒜素和大蒜新素，其中紫皮大蒜的抗菌能力较强，对许多细菌、霉菌和原生动物等引起的疾病均有抑制、治疗作用。用药量为20~50毫克/升（浸泡）或每千克饲料加20克制做药饵。上述含量的大蒜与其他抗菌药物合用效果更好，如在大蒜药饵中加 0.2 克的土霉素，能发挥更大的治疗效力。在水环境内加入 2～4 毫克/升的漂白粉，这种混合用药法对治疗和预防对虾的红腿病有明显效果。大蒜虽然能起到广谱杀菌作用，但其性状不稳定。蒜素只有在捣碎后才能逸出（捣碎磨烂后还原酶显示活力，释放出蒜素），若能挤出蒜汁，其效果相当好。因此，其使用受到一定的限制。

## 二、五倍子

五倍子主要作用于真菌，对细菌及原生物也有一定的毒性作用。常用量为 4～5 毫克/升（浸泡）或者每千克饲料加 2 克制作药饵。五倍子的浓度配制标准为 500 克五倍子原料加水 2 千克煮汁，浓缩成 500 毫升。该药有抑制病菌的作用。

## 三、穿心莲

穿心莲又名一见喜、苦草、橄核莲，为爵床科草本植物，经晒干粉碎制作干浸膏或药片供药用，亦可配成复方药物，是一种常用的中药。

【理化性状】 本药主要含穿心莲内脂、新穿心莲内脂、脱氧穿心莲内脂及黄酮类和生物碱等有效成分，味极苦。

【毒性】 是一种低毒药物，每升水浸泡 3～7 毫克，对防治对虾细菌性疾病的效果较好。

【用途及用法】 穿心莲及其复方制品的抗菌作用较强，特别是对金黄色葡萄球菌、肺炎链球菌、痢疾杆菌、大肠杆菌等有抑制或杀灭作用，用药量为 3～7 毫克/升（浸泡）或每千克饲料加 20 克制作药饵。

## 四、黄连

本药品为毛茛科植物黄连，又名味连、川连、鸡爪连，应用中常用其提取物黄连素（又称小檗碱）。

【理化性状】 本品原粉及制剂为黄色或黄棕色，味极苦，主要含黄连素（小檗碱），为广谱抗菌药物，对葡萄球菌、大肠杆菌、溶血链球菌、痢疾杆菌及阿米巴原虫有抑制、杀菌作用。

【毒性】 毒性较低，虾类的有效用量为 0.8～1 毫克/升。

【用途】 用于防治细菌性疾病，常用药剂为黄连素成药，具有药源丰富、有一定的营养价值、副作用小、毒性残留期短、对热相对稳定、易溶于水和不污染环境等优点，可用来加工成药饵或直接浸泡治疗虾病。黄连素不仅对细菌性疾病有疗效，对某些病毒、真菌的防治也有一定作用，是一种较有发展前途的药物。

# 第八章
## 做好南美白对虾的捕获、售卖与运输，向成活要效益

## 第一节　正确选择南美白对虾的捕捞方式

### 一、地笼

地笼，也称地笼网、地笼王等（图8-1）。手工地笼网适合江河、湖泊、池塘、水库、小溪、浅海水域等使用，是捕捞小鱼、对虾、黄鳝、泥鳅、螃蟹等的一种工具。

图8-1　地笼

地笼材质为塑料纤维，全部人工编织打结。网口大小不一，依据捕捞规格的大小来设计编制。地笼两侧相互交叉有很多入口，内部构造比较复杂（行内称为"倒须"），鱼虾类进去后就很难出来；出口

常设于笼的中尾部，两侧分别一个，也有的直接设在两头（这样的设计不方便，笼身在水下不稳，容易倾斜）；小笼只有一头有出口，笼底绑上金属块或灌入石块。

一般情况下，凌晨0:00～3:00投放地笼，凌晨4:00～6:00起地笼，收获对虾。如果虾塘无环沟，下地笼时，地笼的一头用竹竿插在池边，地笼与池边沿垂直方向贴池底向池中间延伸，并将地笼另一头用竹竿固定。如果池塘有环沟，可以将地笼的两头都用竹竿固定在中间池底的滩面上。如果需要，可以在环沟中设置虾闷捕捞对虾。虾闷的材料由竹竿、网衣等构成，其结构原理和迷魂阵相似，对虾沿着虾闷两侧的直立网片，进入虾闷中间的锥形网内。

【提示】

　　初次捕捞时，虾池密度高，放置地笼0.5～1小时就可收捕。不可长时间，更不可过夜放置地笼，对虾长时间置于地笼中易死亡。捕大放小时，需要选择合适网目的地笼，留住大虾，放走小虾。

二、拉网

拉网，又称底拖网，是最常用的一种捕捞方式，它采用先围后捕的方式，同一天可以多次拉网，可以一次捕捞50%～70%的南美白对虾，并且可以通过不同网眼的拉网，达到捕大留小的效果（图8-2）。

**图8-2　高位池南美白对虾捕捞**

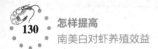
### 三、特制捞网

小棚养殖虾池大小通常在 0.7 亩左右，棚的规格为长 40~60 米、宽 7~10 米、深 60~80 厘米。这样特殊的虾池规格，拉网已经不适用。拉网主要用于具有一定水面面积的池塘捕捞，因此，小棚养殖户发明了一种特制的三角捞网（图 8-3）。捆绑网脚的一边与小棚的宽度相当，操作人员手抓一角从小棚一端推到另一端，来回数次可将小棚内的养殖对虾全部捕清。

图 8-3　捞网捕虾

【提示】

　　在小棚养殖对虾的捕捞中，地笼可以分段多次捕虾，适用于分段养殖和分批销售的养殖场；捞网主要用于一次性捕捞。

## 第二节　南美白对虾捕捞的注意事项

### 一、起捕方法

小批量上市可用地笼，大批量上市应用分段拉网捕捞。建议尽量采用地笼诱捕，少用拉网起捕，以免南美白对虾受伤和产生应激反应。要根据虾的大小选用合适的网具，起到捕大留小的目的。

### 二、起捕时机

高温天气捕捞要选择晴天，做到先增氧，后动网。同时动手要快，人员安排要充足，尽量避免损伤南美白对虾。天气不好，或当寒潮侵袭，气温突降（超过5℃时）时，不能收虾，在气温回升后再起捕。

### 三、起捕前饲喂

捕捞前一天应停食或减少投饲量，切忌为增加上市南美白对虾的体重而大量投喂精料。

### 四、水质变化时起捕

如水质环境发生剧烈变化，如蓝藻暴发、倒藻或水质中环境指标急剧恶化条件下，可以尽快提早收虾。

### 五、分疏起捕

对虾生长停滞开始出现虾病时，要突击捕虾。高产精养虾塘应采取轮捕的方法，当部分虾长到商品规格时就分疏起捕，分几次收获，使南美白对虾养殖达到高产、高效。

### 六、捕捞后的管理

在经历起捕过程后，余留在池塘中的对虾活动加剧，耗氧量增大。另外，在捕捞时搅动了池底淤泥残渣，底部有机物质翻起，加快了氧化分解速度，也大大增加了耗氧量，故而池水的溶解氧含量会迅速降低，极易引起池虾缺氧浮头，需要及时冲注新水或开动增氧机增氧，并可全池泼洒生石灰浆消毒杀菌，改良和调节水质，以确保对虾安全。在捕捞结束后可连续投喂3~4天药饵，可以用大蒜素或其他用于防病的中草药制剂等配饵投喂。

### 七、捕捞量的确定

虾池里面的南美白对虾生长正常的，要根据池虾的存有量，确定适宜的捕捞量，一方面要起到降低密度的作用，另一方面也要避免捕捞过度影响产量。温棚养殖的南美白对虾，可根据对虾规格一次性起捕。

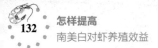

### 八、病害的应对

密切注意南美白对虾活动情况，一般受伤南美白对虾的肌肉变白，不吃食，在水面打漂，往往在 5 ~ 7 天开始陆续死亡。如发生大量死亡应加紧起捕上市，避免损失。

## 第三节　正确选择南美白对虾的运输方式

### 一、活水车运输

虾箱是汽车活水运输期间，用于盛放对虾的小型网具。每个虾箱盛放对虾 5 ~ 10 千克、虾箱的规格不一，一般选用直径为 5 ~ 6 毫米的套塑料管的钢筋，加工制成直径为 50 ~ 80 厘米的圆形（或长方形），两个圆形焊接成圆桶（或长方体）状，圆桶（或长方体）高10 ~ 15 厘米，侧面和底面再用聚乙烯网衣拉紧包缠，虾箱上口留有网口，虾箱装满对虾后，虾箱上口封口。

将活水箱中的南美白对虾经过挑选、过秤装入虾箱并扎口，将虾箱装入车上的塑料箱等容器内，连续充气，进行运输（图 8-4）。容器内的水最好使用南美白对虾的原池水，在海水南美白对虾的运输中也可用盐水晶进行调水（每次盐度变化不超过 3）。运输期间一般配备 2 台增氧机，防止 1 台增氧机充氧导致容器内水温升高或机器出故障。装运 12 小时以内的运输，中途不必换水，长途运输根据需要进行换水，换水量不超过原来水体的 1/3，且注意温差不要太大。运输期间尽量减少途中时间，应昼夜兼行，避免在途中停车过夜。根据实际情况调整运输水温，塑料箱等要有一定的保温功能。南美白对虾适应的运输储存温度为 12 ~ 16℃。容器内的水温在放虾前下降 4 ~ 6℃，南美白对虾入箱后再下降 4 ~ 6℃，在运输途中温度逐渐下降到相应的温度并保持，每次降温不要超过 6℃，这时的南美白对虾仅能维持勉强活动，且体色微红。南美白对虾运到目的地后，提出虾箱，过秤销售。

### 二、氧气包运输

常见的运输包装有塑料袋、塑料箱、尼龙袋等，先往袋中注入

图 8-4　活水车装虾

1/4～1/3 的水，放入适量虾并排出袋内的空气，再向袋内充氧并将袋口扎紧。该方法简单，但是换水换气不易操作。目前，利用氧气包运输商品虾相对较少，主要用于对虾苗种的运输。目前，海南、广东等地是我国对虾苗种的主要产地，供应了全国 90% 以上的虾苗。氧气包空运是南美白对虾苗种的主要运输方式。因南美白对虾虾苗产生的排泄物很少，所以氧气袋内的水质在长时间运输过程中不发生剧烈变化，而且虾苗需氧量少，因此虾苗可以在氧气包内存活很长时间。各育苗场都采用塑料袋充氧，纸箱包装的运输方式，每箱装虾苗 2～3 袋，3 万～5 万尾。

### 三、冰鲜运输

虾类属变温动物，具有生死临界的生态冰温，即临界温度。从临界温度到结冰点的温度范围为生态冰温区，当虾的环境温度降到其生态冰温区时，虾会进入休眠状态，新陈代谢减弱。运输过程中，也可使用麻醉剂使虾进入类似休眠状态，行动迟缓，因中枢神经受到抑制对外界的反应降低，活动量降低，从而减少新陈代谢，起到提高运输存活率的效果。麻醉剂需要适量使用，过大剂量的麻醉剂可使麻醉剂作用深及髓质，导致呼吸与血管舒缩中枢麻痹，引起死亡。常见的化学麻醉剂有磺酸间氨甲酸乙酯、丁香酚、乙醚、二氧化碳、苯哇卡因、乙醇等。南美白对虾进入休眠状态后，往包装袋中装入活虾，摊平充氧，然后放入泡沫箱运输；或是将虾与木屑重叠摆放，在箱内装冰运输；也有的用水草裹住箱体或者用淋水、喷雾等方法维持一个潮湿的环境，避免水分的大量蒸发和表面干燥而影响南美白对虾呼吸，

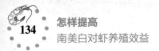

从而使虾保持存活状态。

　　影响虾类运输的微环境主要考虑温度、湿度、震动等情况，并确保虾在运输过程中一直处于生态冰温范围内，且温度未有太大波动。无水运输过程中，只有保证虾处于生态冰温范围内，保持休眠状态，才能实现长时间运输。与有水运输相比，无水运输温度往往更低，对温度的要求也更为严格，一般温度在6～15℃，波动范围一般不超过1℃。虾主要是通过鳃呼吸，其获得空气中氧气的能力远远低于水中氧气，因此借助无水喷雾、保持湿度等手段可以增加虾在无水呼吸过程中对氧气的利用能力，从而提高运输存活率。定时监测微环境的湿度情况，必要时采取加湿措施。

# 第九章
## 养殖典型实例

### 实例一　小棚高效养虾

江苏省如东县徐某利用小棚养殖南美白对虾，全年养殖春、秋两茬，取得了良好的经济效益。春茬平均产量 560 千克/棚，利润21000 元/棚；秋茬平均产量490 千克/棚，利润16000 元/棚。徐某根据自己的经验摸索出了一套小棚养虾技术。

#### 一、小棚设施

整个养殖场共有小棚24 张，每8 张1 排，每排之间设置排水渠。小棚内池塘长45 ~50 米、宽10 米、深60 ~80 厘米，池埂铺设地膜，利用毛竹支撑塑料大棚，使用双层薄膜覆盖小棚，内层膜使用无滴膜（也可用流滴膜）。池底布设纳米增氧管，每隔5 ~7 米沿小棚中轴线对称放置两个纳米增氧管，配备罗茨鼓风机全程增氧。全程使用地下水，盐度控制在10 ~14。徐某将小棚分成3 段，每段池底改造成圆锥形，设置污水提升泵，在圆锥底部放置一节直径 100 毫米的 PVC管，PVC 管直接连接排污管，PVC 管上部侧壁开口连接气泵，定时开启，通过虹吸原理排出汇集在底部的有机碎屑。此外，徐某在每棚都铺设了输送投入品的管道，出水口类似自来水龙头。为了确保停电时也有稳定的供电设备保证机械正常运转，徐某额外配备了包括发电机在内的多台动力机械。

#### 二、放苗前准备

上一季结束后将小棚膜掀开，暴晒至放苗前 1 个月，每亩用200 千克生石灰化浆泼洒并翻耕池底，进少许水浸没池底，继续暴晒。放苗前进水至 40 ~50 厘米水位，泼洒肥水膏或虾片培育浮游生物。

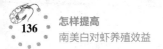

### 三、养殖管理

春茬养殖在 3 月 20 日放苗，8 月 24 日投放秋季苗，前 1 个月集中标粗，每棚 20 万尾虾苗，至虾苗 3 ~4 厘米时分池养殖，每棚 4 万尾。对虾标粗时的水温在 26 ~27℃，标粗 20 天左右。在南美白对虾规格为 1.5 厘米之前，每餐投喂虾片，虾片使用不同网目大小的纱绢搓洗成悬浊液，标粗到对虾的规格 1.5 厘米左右时开始投喂配合饲料，搭配少许发酵饲料。

养殖早期每天投喂 4 ~6 餐，后期每天投喂 3 ~4 餐。为了增加南美白对虾对饵料营养的吸收能力，每 3 ~7 天使用乳酸菌进行拌料投喂，拌料比例为 4% 左右。每 3 ~5 天，通过管道向虾棚泼洒使用糖蜜发酵的乳酸菌液。每天巡塘观测南美白对虾的各种情况，其中包括水质、溶解氧、粪便颜色、饲料剩余情况等。

病害防治要坚持以防为主、防治结合的原则，定期改底。

### 四、捕捞

捕捞时，将小棚膜掀掉，因为养殖密度高，所以捕捞时不排水，使用特制的三角捞网进行捕捞，出池后直接使用活水车运输至批发市场交易。

### 实例二　室外土池混养罗氏沼虾与南美白对虾

江苏省射阳县王某利用室外土池混养南美白对虾与罗氏沼虾，全年养殖一茬，取得了良好的经济效益。其中亩产南美白对虾 351.5 千克，亩产罗氏沼虾 178.6 千克，平均亩利润 11029 元。王某根据自己的经验摸索出了一套混养技术。

### 一、池塘条件

混养塘 2 口，每口池塘均呈长方形，南北向，分别为 12 亩、8 亩，平均池深 2.0 米。养殖用水来源于养殖场东侧河道，并从池塘南侧进水沟进水，水源充足。河道水 pH 为 8.5 左右，盐度为 2 左右，适宜南美白对虾和罗氏沼虾养殖。每口池塘配备 1.5 千瓦的水车式增氧机 2 台，水车式增氧机设置在池塘的南北两端。

### 二、放苗前准备

在冬季，将池水抽干，清除池底杂物，整修塘埂、塘底，然后用

100 千克/亩的生石灰进行全池消毒，并暴晒池底 20 天以上。虾苗放养前 10 天开始进水，进水时用 60 目（孔径为 0.25 毫米）的长条形纱绢网袋过滤，防止野杂鱼虾等进入池塘。首次进水将池水灌至 1.2 米深，然后用氨基酸肥水剂进行肥水，在放养前一天，池塘投放复合微生物制剂，把池水培育成黄绿色或茶褐色。

### 三、养殖管理

4 月上旬，选择一代南美白对虾虾苗，规格为 1.0 厘米左右，放养密度为每亩 4 万~5 万尾。南美白对虾虾苗首先在养殖池塘旁边的薄膜小棚中标粗培育，规格达到 3~4 厘米时，再放到养殖大池塘中。5 月初，选择"南太湖 2 号"罗氏沼虾苗，规格为 0.8 厘米左右，放养密度为每亩 3 万~4 万尾。罗氏沼虾虾苗也在薄膜小棚内经标粗培育后，规格达到 3 厘米左右时再放到养殖池塘中。

前期养殖，重点考虑南美白对虾，投喂的饲料蛋白质含量为 39%~41%，每天投饲 2~3 次，并以 2 小时内吃完为宜。当南美白对虾捕捞量占 70% 以上时，则重点考虑罗氏沼虾养殖，投喂的饲料蛋白质含量为 36%~38%，每天投饲 2 次，吃食时间延长到 3 小时左右。若遇不良天气，水质恶化，吃食减少，大量蜕壳等情况，减少投饲量或者停止投饲。

苗种放养时，池塘平均水位为 1.2 米左右，随着气温的升高，逐步加满池水，6 月则将池水灌至 1.5 米以上；到高温季节，则将池水灌至 1.8 米左右。同时根据池塘水质状况，适时适量加注新水，并经常使用微生物制剂、肥水剂、解毒剂、底质改良剂等，此外，每隔 20 天左右使用一次二氧化氯进行水体消毒。

早、中、晚、夜间多次巡塘，检查吃食情况、水质变化情况、缺氧浮头情况等，发现问题及时采取措施。若有浮头预兆或者出现不良天气等情况，则控制投饲量，开足增氧机，严防缺氧浮头。

### 四、捕捞

前期当南美白对虾规格达到 120 尾/千克时，则采用地笼轮捕南美白对虾，实行捕大留小。当每口地笼诱捕的南美白对虾少于 2.5 千克时，则开始采用链条式牵网轮捕罗氏沼虾。全 9 月中上旬，则采用干塘捕捞，并将各种虾类挑选后上市销售。其中亩产南美白对虾351.5千克，亩产罗氏沼虾178.6千克。养殖成本主要由塘租、苗种、饲料、电费、人工、药费、其他等构成，折合亩成本11483元，平均亩利润11029元。

### 实例三 高位池混养鲻鱼与南美白对虾

江苏海安县滨海新区自2010年开始进行南美白对虾、鲻鱼高位池混养试验与示范，提高了养殖成功率，经过3年试验取得了较好的效益。现将其混养技术介绍如下。

#### 一、池塘设施

高位池面积30亩，池水深2米。由于鲻鱼游动迅速且善跳跃，在进排水口设置高度为1.6米的聚乙烯围网，泥下0.4米，用竹竿固定，防止鲻鱼外逃。

#### 二、放苗前准备

池塘放干后，通过推土机清除塘内表层污泥，进行晒塘备用，放苗前1个月进行池塘消毒，用生石灰100~150千克/亩，药性消失后进海水至80厘米水位，用茶籽饼杀死杂鱼虾，1~2天后用含碘消毒剂进行水体消毒，2~3天后施用发酵鸽子粪培育基础天然饵料生物，使水色呈黄褐色。

#### 三、养殖管理

在5月上旬投放虾苗，每亩5万尾，放苗前在池边小棚标粗至3~4厘米。在投虾苗15~30天后投放鱼苗，鲻鱼苗种来源于海安县沿海的天然种苗，规格在6厘米以上，每亩放养250~300尾。目前虾价高，鱼价低，以虾为主、以鱼为辅，以"有利于虾的生长"为原则。

前期日投喂3~4次，以1.5~2.0小时吃完为宜，中后期日投喂4~5次，以1.0~1.5小时吃完为佳。日投喂量根据池水水质、虾苗摄食及当天天气等情况灵活掌握，前、中、后期日投喂量分别为虾苗总体重的7%~8%、5%~6%、3%~4%。投喂实行"少量多餐""先粗后精""先大后小"的原则，以降低成本和提高饵料的效率。

每次先投入部分鱼虾混养料给鱼吃，稍后再投入南美白对虾专用料，虾料颗粒先大后小，以尽量保证小规格的虾苗能摄食到饲料，生长顺利。设置 4~6 个饵料台观察摄食情况，一般以 1~2 小时摄食完为宜，结合摄食情况、天气状况，逐日调整投喂量，减少饲料浪费防止污染。

四、捕捞

从 8 月份南美白对虾 120 尾/千克时开始用地笼起捕上市，直到 10 月底规格为 60~80 尾/千克时清塘，平均每亩高位池出虾 480 千克，南美白对虾亩产值 13000 元/亩。鲻鱼成活率为 90%，养殖 1 年尾重 500~750 克，产量 120 千克/亩以上，每千克市场价 20~26 元，鲻鱼产值 2400~3200 元/亩，扣除颗粒饲料及种苗成本，比单养南美白对虾每亩增收 2000 元以上。

# 附录
## 禁用渔药清单

| 序号 | 药物名称 | 英文名 | 别名 | 引用依据 |
|---|---|---|---|---|
| 1 | 克仑特罗及其盐、酯及制剂 | Clenbuterol | | 农业部第 193 号公告 农业部第 235 号公告 农业部第 176 号公告 |
| 2 | 沙丁胺醇及其盐、酯及制剂 | Salbutamol | | |
| 3 | 西马特罗及其盐、酯及制剂 | Cimaterol | | 农业部第 193 号公告 农业部第 235 号公告 |
| 4 | 己烯雌酚及其盐、酯及制剂 | Diethylstilbestrol | 己烯雌酚 | 农业部第 193 号公告 农业部第 235 号公告 农业部 31 号令 农业部第 176 号公告 |
| 5 | 玉米赤霉醇及制剂 | Zeranol | | 农业部第 193 号公告 |
| 6 | 去甲雄三烯醇酮及制剂 | Trenbolone | | 农业部第 193 号公告 农业部第 235 号公告 |
| 7 | 醋酸甲孕酮及制剂 | Mengestrol Acetate | | |
| 8 | 氯霉素及其盐、酯（包括：琥珀氯霉素 Chloramphenicol Succinate）及制剂 | Chloramphenicol | | 农业部第 193 号公告 农业部第 235 号公告 农业部 31 号令 |
| 9 | 氨苯砜及制剂 | Dapsone | | 农业部第 193 号公告 农业部第 235 号公告 |
| 10 | 呋喃唑酮及制剂 | Furazolidone | 痢特灵 | 农业部第 193 号公告 农业部 31 号令 |

（续）

| 序号 | 药物名称 | 英文名 | 别名 | 引用依据 |
|---|---|---|---|---|
| 11 | 呋喃它酮及制剂 | Furaltadone | | |
| 12 | 呋喃苯烯酸钠及制剂 | Nifurstyrenate sodium | | 农业部第 193 号公告 农业部第 235 号公告 |
| 13 | 硝基酚钠及制剂 | Sodium nitrophenolate | | |
| 14 | 硝呋烯腙及制剂 | Nitrovin | | |
| 15 | 安眠酮及制剂 | Methaqualone | | |
| 16 | 林丹 | Lindane 或 gammaxare | 丙体六六六 | |
| 17 | 毒杀芬 | Camahechlor | 氯化烯 | 农业部第 193 号公告 农业部第 235 号公告 农业部 31 号令 |
| 18 | 呋喃丹 | Carbofuran | 克百威 | |
| 19 | 杀虫脒 | Chlordimeform | 克死螨 | |
| 20 | 双甲脒 | Amitraz | 二甲苯胺脒 | |
| 21 | 酒石酸锑钾 | Antimony potassium tartrate | | 农业部第 193 号公告 农业部第 235 号公告 |
| 22 | 锥虫胂胺 | Tryparsamide | | |
| 23 | 孔雀石绿 | Malachite green | 碱性绿、盐基块绿、孔雀绿 | 农业部第 193 号公告 农业部第 235 号公告 农业部 31 号令 |
| 24 | 五氯酚酸钠 | Pentachlorophenol sodium | | |
| 25 | 氯化亚汞 | Calomel | 甘汞 | |
| 26 | 硝酸亚汞 | Mercurous nitrate | | |
| 27 | 醋酸汞 | Mercurous acetate | 乙酸汞 | 农业部第 193 号公告 农业部第 235 号公告 |
| 28 | 吡啶基醋酸汞 | Pyridyl mercurous acetate | | |
| 29 | 甲基睾丸酮及其盐、酯及制剂 | Methyltestosterone | 甲睾酮 | 农业部第 193 号公告 农业部第 235 号公告 农业部 31 号令 |

（续）

| 序号 | 药物名称 | 英文名 | 别名 | 引用依据 |
|---|---|---|---|---|
| 30 | 丙酸睾酮及其盐、酯及制剂 | Testosterone Propionate | | |
| 31 | 苯丙酸诺龙及其盐、酯及制剂 | Nandrolone Phenylpropionate | | 农业部第193号公告 |
| 32 | 苯甲酸雌二醇及其盐、酯及制剂 | Estradiol Benzoate | | |
| 33 | 氯丙嗪及其盐、酯及制剂 | Chlorpromazine | | 农业部第193号公告 农业部第176号公告 |
| 34 | 地西泮及其盐、酯及制剂 | Diazepam | 安定 | |
| 35 | 甲硝唑及其盐、酯及制剂 | Metronidazole | | 农业部第193号公告 |
| 36 | 地美硝唑及其盐、酯及制剂 | Dimetronidazole | | |
| 37 | 洛硝达唑 | Ronidazole | | 农业部第235号公告 |
| 38 | 群勃龙 | Trenbolone | | |
| 39 | 地虫硫磷 | fonofos | 大风雷 | |
| 40 | 六六六 | BHC（HCH）或 Benzem | | |
| 41 | 滴滴涕 | DDT | | |
| 42 | 氟氯氰菊酯 | cyfluthrin | 百树菊酯、百树得 | 农业部31号令 |
| 43 | 氟氰戊菊酯 | flucythrinate | 保好江乌、氟氰菊酯 | |
| 44 | 酒石酸锑钾 | antimonyl potassium tartrate | | |
| 45 | 磺胺噻唑 | sulfathiazolum ST, norsultazo | 消治龙 | |

（续）

| 序号 | 药物名称 | 英 文 名 | 别　　名 | 引用依据 |
|------|---------|----------|----------|----------|
| 46 | 磺胺脒 | sulfaguanidine | 磺胺胍 | |
| 47 | 呋喃西林 | furacillinum, nitrofurazone | 呋喃新 | |
| 48 | 呋喃那斯 | furanace, nifurpirinol | P-7138 | |
| 49 | 红霉素 | erythromycin | | |
| 50 | 杆菌钛锌 | zinc bacitracin premin | 枯草菌肽 | |
| 51 | 泰乐菌素 | tylosin | | 农业部31号令 |
| 52 | 环丙沙星 | ciprofloxacin（CIPRO） | 环丙氟哌酸 | |
| 53 | 阿伏帕星 | avoparcin | 阿伏霉素 | |
| 54 | 喹乙醇 | olaquindox | 喹酰胺醇 羟乙喹氧 | |
| 55 | 速达肥 | fenbendazole | 苯硫哒唑 氨甲基甲酯 | |
| 56 | 硫酸沙丁胺醇 | Salbutamol Sulfate | | |
| 57 | 莱克多巴胺 | Ractopamine | | |
| 58 | 盐酸多巴胺 | Dopamine Hydrochloride | | |
| 59 | 西马特罗 | Cimaterol | | |
| 60 | 硫酸特布他林 | Terbutaline Sulfate | | |
| 61 | 雌二醇 | Estradiol | | |
| 62 | 戊酸雌二醇 | Estradiol Valerate | | 农业部第176号公告 |
| 63 | 苯甲酸雌二醇 | Estradiol Benzoate | | |
| 64 | 氯烯雌醚 | Chlorotrianisene | | |
| 65 | 炔诺醇 | Ethinylestradiol | | |
| 66 | 炔诺醚 | Quinestrol | | |
| 67 | 醋酸氯地孕酮 | Chlormadinone acetate | | |
| 68 | 左炔诺孕酮 | Levonorgestrel | | |
| 69 | 炔诺酮 | Norethisterone | | |

（续）

| 序号 | 药物名称 | 英文名 | 别名 | 引用依据 |
|------|----------|--------|------|----------|
| 70 | 绒毛膜促性腺激素 | Chorionic Gonadotrophin | 绒促性素 | |
| 71 | 促卵泡生长激素 | Menotropins | | |
| 72 | 碘化酪蛋白 | Iodinated Casein | | |
| 73 | 苯丙酸诺龙及苯丙酸诺龙注射液 | Nandrolone phenylpropionate | | |
| 74 | 盐酸异丙嗪 | Promethazine Hydrochloride | | |
| 75 | 苯巴比妥 | Phenobarbital | | |
| 76 | 苯巴比妥钠 | Phenobarbital Sodium | | |
| 77 | 巴比妥 | Barbital | | |
| 78 | 异戊巴比妥 | Amobarbital | | 农业部第176号公告 |
| 79 | 异戊巴比妥钠 | Amobarbital Sodium | | |
| 80 | 利血平 | Reserpine | | |
| 81 | 艾司唑仑 | Estazolam | | |
| 82 | 甲丙氨脂 | Meprobamate | | |
| 83 | 咪达唑仑 | Midazolam | | |
| 84 | 硝西泮 | Nitrazepam | | |
| 85 | 奥沙西泮 | Oxazepam | | |
| 86 | 匹莫林 | Pemoline | | |
| 87 | 三唑仑 | Triazolam | | |
| 88 | 唑吡旦 | Zolpidem | | |
| 89 | 其他国家管制的精神药品 | | | |
| 90 | 抗生素滤渣 | | | |

（续）

| 序号 | 药 物 名 称 | 英 文 名 | 别 名 | 引 用 依 据 |
|---|---|---|---|---|
| 91 | 沙丁胺醇及其盐、酯及制剂 | | | |
| 92 | 呋喃妥因及其盐、酯及制剂 | | | |
| 93 | 替硝唑及其盐、酯及制剂 | | | 农业部第560号公告 |
| 94 | 卡巴氧及其盐、酯及制剂 | | | |
| 95 | 万古霉素及其盐、酯及制剂 | | | |

# 参 考 文 献

[1] 林文辉，苏跃朋. 池塘里的那些事儿—养好池塘就是养好了南美白对虾 [M]. 北京：中国农业出版社，2017.

[2] 王秋菊，崔一喆. 微生态制剂及其应用 [M]. 北京：化学工业出版社，2014.

[3] 曹煜成，文国樑，杨铿. 南美白对虾高效健康养殖百问百答 [M]. 2 版. 北京：中国农业出版社，2016.

[4] 陈汉春. 南美白对虾养殖技术 [M]. 杭州：浙江科学技术出版社，2016.

[5] 文国樑，李卓佳，曹煜成，等. 南美白对虾高效健康养殖百问百答 [M]. 北京：中国农业出版社，2010.

[6] 陈坚，堵国成. 发酵工程原理与技术 [M]. 北京：化学工业出版社，2012.

[7] 汪建国，曹煜成，文国樑，等. 南美白对虾高效养殖与疾病防治技术 [M]. 北京：化学工业出版社，2014.

[8] FLEGEL T W, NELSON L, THAMAVIT V, et al. Presence of multiple viruses in non-diseased, cultivated shrimp at harvest [J]. Aquaculture, 2004, 240: 55-68.

[9] TOURTIP S, WONGTRIPOP S, STENTIFORD G D, et al. *Enterocytozoon hepatopenaei* sp. nov. (Microsporida Enterocytozoonidae), a parasite of the black tiger shrimp *Penaeus monodon* (Decapoda: Penaeidae): Fine structure and phylogenetic relationships [J]. Journal of Invertebrate Pathology, 2009, 102 (1): 21-29.

[10] 陈禄芝，余霞艳，胡一丞，等. 粤西地区凡纳滨对虾虾肝肠胞虫、传染性皮下和造血组织坏死病毒感染情况的初步调查 [J]. 渔业研究，2016, 38 (4): 273-280.

[11] ARANGUREN L F, HAN J E, TANG K F J. *Enterocytozoon hepatopenaei* (EHP) is a risk factor for acute hepatopancreatic necrosis disease (AHPND) and septic hepatopancreatic necrosis (SHPN) in the Pacific white shrimp *Penaeus vannamei* [J]. Aquaculture, 2017, 471: 37-42.

[12] 吴金凤，熊金波，王欣，等. 肠道菌群对凡纳滨对虾健康的指示作用 [J]. 应用生态学报，2016, 27 (2): 611-621.

[13] 李继秋，谭北平，麦康森. 白斑综合征病毒与凡纳滨对虾肠道菌群区系之间关系的初步研究 [J]. 上海海洋大学学报，2006, 15 (1): 109-113.

[14] 吴定心. 微生物制剂对南美白对虾养殖体系微生态的影响及其与藻类关系的研究 [D/OL]. 武汉：华中农业大学，2016 [2016-11-11]. http://

www. wanfangdata. com. cn/details/detail. do? _type = degree&id = Y3052473.

［15］SHEN Hui, QIAO Yi, WAN Xihe, et al. Prevalence of shrimp microsporidian parasite *Enterocytozoon hepato* penaei in Jiangsu Province, China ［J］. Aquaculture International, 2019, 27: 675-683.

［16］SHEN Hui, JIANG Ge, WAN Xihe, et al. Multiple Pathogens Prevalent in Shrimp *Penaeus vannamei* Cultured from Greenhouse Ponds in Jiangsu Province of China ［J］. J Aquac Res Development, 2017, 8 (10): 1-5.

［17］乔毅, 沈辉, 万夕和, 等. 南美白对虾肝肠胞虫的分离及形态学观察 ［J］. 中国水产科学, 2018, 25 (5): 1051-1058.

［18］蒋葛, 沈辉, 万夕和, 等. 凡纳滨对虾急性肝胰腺坏死综合征病虾与健康虾肠道优势菌群比较分析 ［J］. 江苏农业学报, 2019, 35 (1): 142-148.

［19］蒋葛, 沈辉, 万夕和, 等. 凡纳滨对虾急性肝胰腺坏死综合征研究进展 ［J］. 动物医学进展, 2018, 39 (4): 87-91.

# 书　目